日本庭院集成

坪庭

林理蕙光 编著

华中科技大学出版社
http://www.hustp.com

有书至美
BOOK & BEAUTY

中国·武汉

# 目录

## 实测图·解说一

庭院的空间和造型

坪庭技术

# | 实测图说明 |

本卷收录了全国三十八所庭院。

本卷的标题是《坪庭》，书中收录内容均遵从从前的坪庭概念，"中庭""侧庭"也属于坪庭。

实测图页面上柱子的表示方法与标题一致，标记为"坪庭实测图"。平面图、俯视图等各个面的图分别展现了坪庭的特性，标记为"中庭""侧庭""前庭"等。

为了更加清晰地展示庭院，在实测图基础上登载了平面图。

为了更加明确地表明建筑的格局，增加了局部图、平面图、布局图。

比例尺按照容易换算的1:6、1:8、1:10、1:15的比例进行缩略。

飞石和蹲踞等物体的高度以庭院为参照基准（B·M）来设定，用+、−符号表示。

中野邸 从二层房间的走廊上俯视坪庭

中野邸　从一层看坪庭

中野邸

上＝中央部石组
右下＝钵前
左下＝井栏

右 今津 池之庭 从藤之间看井栏

今津　泷之庭

上 = 从桐之间看到的景观
下 = 瀑布全景

今津　池之庭

上＝从葵之间看到的景观
下＝柏之间侧面全景

招福楼 佛间坪庭

上 = 从佛间看到的景观
下 = 从内客厅看到的景观

招福楼 座敷坪庭

**招福楼 座敷坪庭**

上＝从西侧八层间看到的景观
下＝全景

相羽邸

上 = 从玄关看坪庭
右下 = 从会客厅看到的景观
左下 = 俯瞰景观

下村邸

上＝从玄关看坪庭
下＝从会客次厅看到的景观

大日本茶道学会

右＝从思齐轩看坪庭
上＝流景

河文

上＝西下间坪庭
下＝下座敷坪庭
右＝石组与灯笼

八百条

左＝二层中庭　从十五层间看到的景观
上＝二层中庭　全景
中＝餐厅前庭
下＝二层池之庭

佐勘

右＝中庭俯瞰景观
上＝走廊两侧景观
下＝走廊楼梯两侧景观

嵯峨野

左＝中庭　从六层间看到的景观

上＝中庭　俯瞰全景

右下＝侧庭

左下＝侧庭　从茶室十层间看到的景观

诹访庄 本馆坪庭 全景

国立能乐堂

上＝从大厅看中庭
下＝全景

右 医王庵 中庭中部的流水界壁

医王庵

上＝俯瞰中庭、界壁正面、池泉北部
左＝从玄关看到的景观

逆瀬台之家

右 = 从接待室看前庭
上 = 侧面全景

芹泽铚介美术馆 特别室坪庭 全景

芹泽銈介美术馆 特别室坪庭 部分景观

实测图・解说一

日本庭院集成

东南角石组

从北六层间看到的景观

中野邸 坪庭实测图

※帖：用以表示房间面积，1帖大约为1.62平方米。

该庭院四周被房屋包围，从安政年间（1854—1859年）到明治时代（1868—1912年），经历漫长岁月建造而成。该庭院每个时期的所有者都对煎茶颇有研究，具有较强的中国特色，是煎茶庭院的代表。

庭院内的部分土地呈现出凹凸不平感，打造出整体上浮的庭院景象，仿佛一个大型盆景。

庭院中统一使用大号石头，排列整齐的竹子强而有力地立在地面上。此景仿佛可将墙上的壁画带进现实世界，充满文人气息。

中心位置的竹子兼具屏风的作用，从各个房间向外望时视线不会交集在一起。种植在庭院内的梧桐树的大叶子具有遮挡阳光的作用，也是构成煎茶庭院的要素。

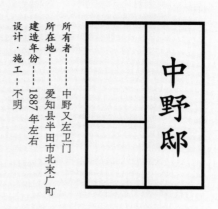

所有者┈┈┈中野又左卫门
所在地┈┈┈爱知县半田市北末广町
建造年份┈┈┈1887年左右
设计·施工┈┈┈不明

中野邸

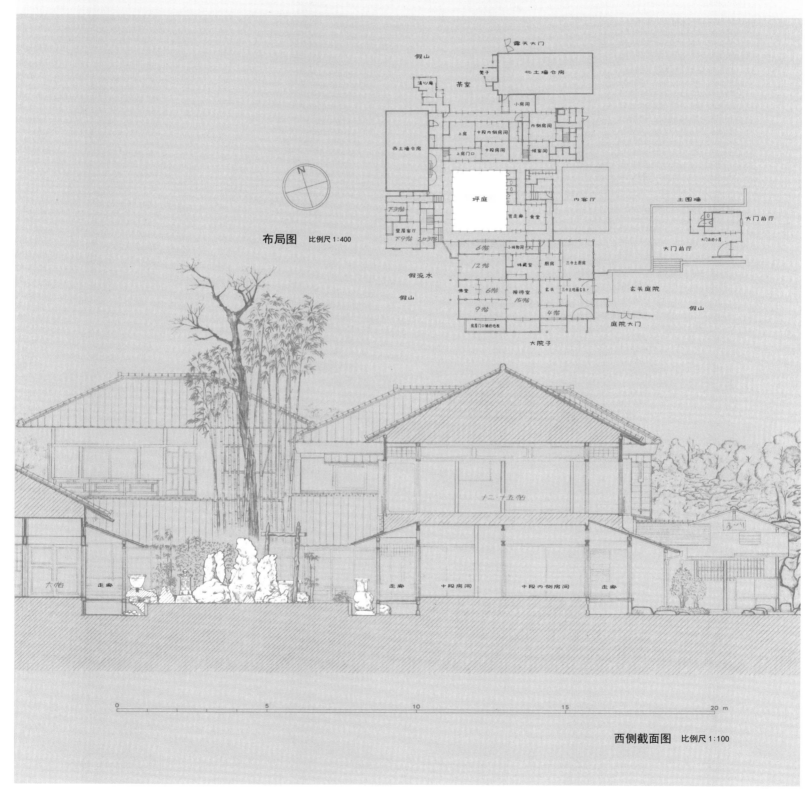

布局图　比例尺 1:400

西侧截面图　比例尺 1:100

中野邸　坪庭实测图

平面图 比例尺 1:80

オカメザサ 细叶竹
ヒサカキ 白桦树
タイミニチク 台明竹
カクレミノ 隐身草参
ヤツデ 八角金盘
つつじ 杜鹃花
もち 细叶冬青
ひさかき 柃木
なんてん 南天竹
マツリョウ 朱砂根
あおき 三角槭
カクレミ 珊瑚柏
かまつか 小叶石楠
□

六帖 招待室
佛堂
佛室

12帖 1佛藏室 7帖
壁樹
1佛藏室 子7帖
六帖 壁樹

三合土土間玄关
三合土厨房

食堂
宽走廊
入口三帖

院内7(三月内院)
花坛岩碎石铺地
便所
便所

候室(间)
内伽候室(间)
上段座敷间 6帖
平中段座敷间 6帖
中段内伽所间5.5帖
上段座敷间 9帖

壁樹
壁龛
架子
架子
架子

0 2 4 6 8 10 12 14 16 m

中野邸 坪庭实测图

40

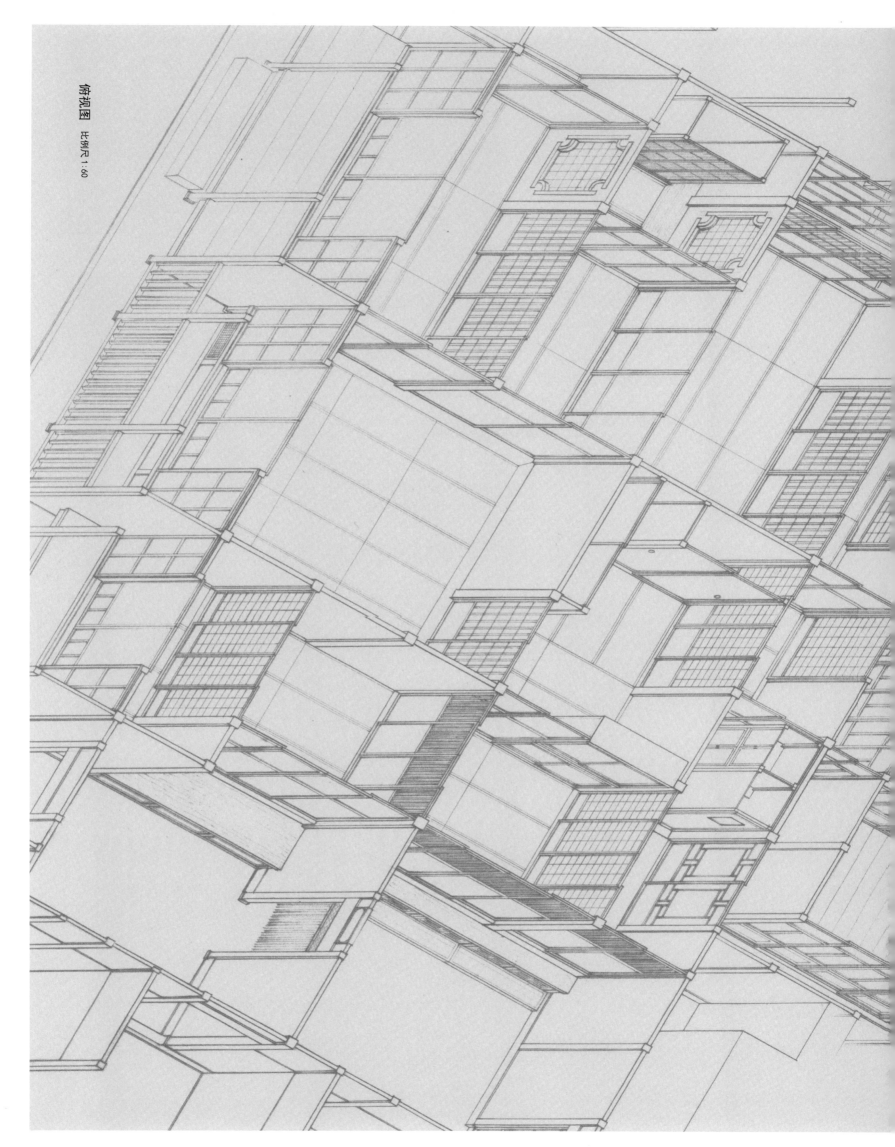

中野邸 坪庭实测图

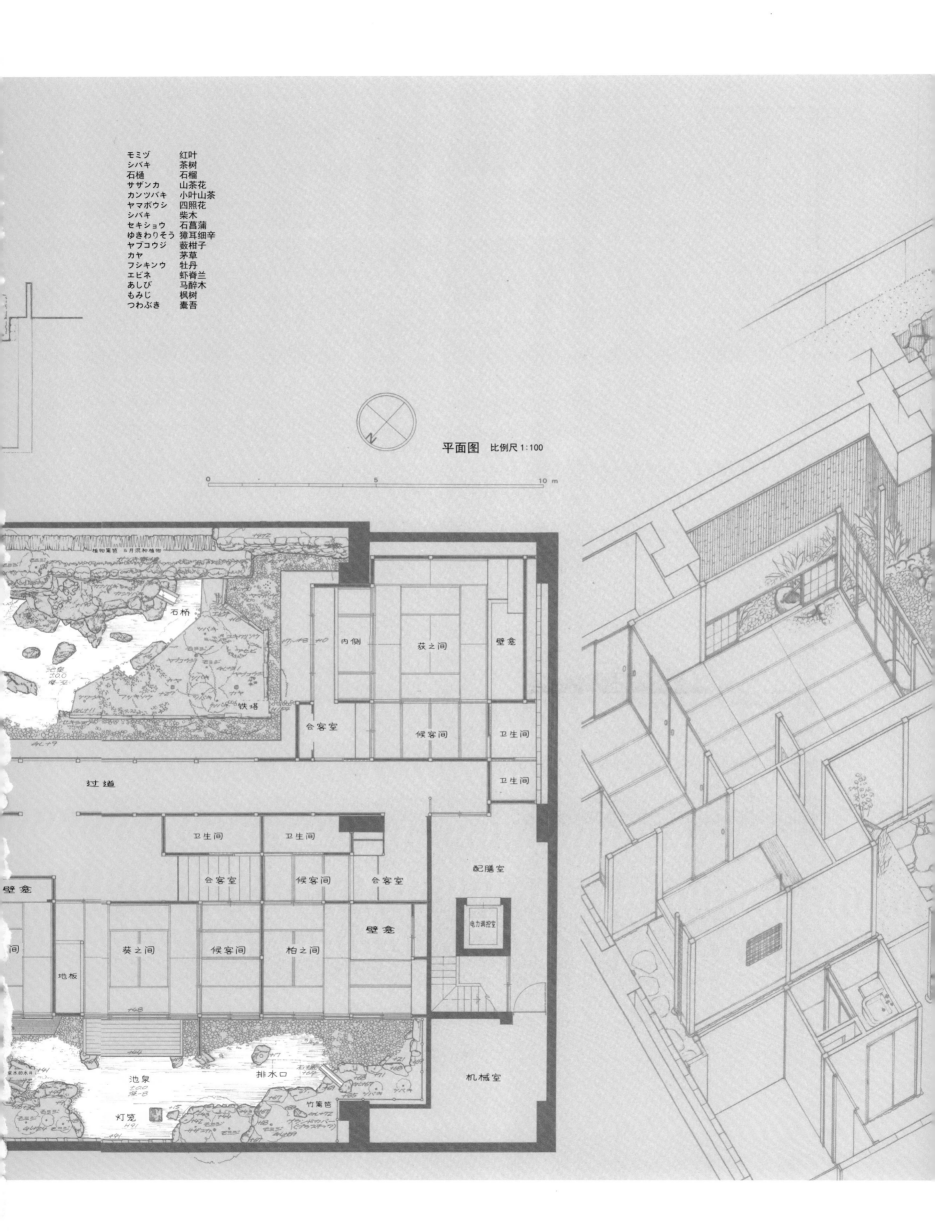

モミヂ　　　　紅叶
シバキ　　　　茶树
石樋　　　　　石榴
サザンカ　　　山茶花
カンツバキ　　小叶山茶
ヤマボウシ　　四照花
シバキ　　　　柴木
セキショウ　　石菖蒲
ゆきわりそう　獐耳细辛
ヤブコウジ　　薮柑子
カヤ　　　　　茅草
フシキンウ　　牡丹
エビネ　　　　虾脊兰
あしび　　　　马醉木
もみじ　　　　枫树
つわぶき　　　橐吾

平面图　比例尺 1:100

0　　　　　　　　5　　　　　　　　10 m

石桥

铁塔

内侧　　荻之间　　壁龛

会客室　　候客间　　卫生间

卫生间

过道

卫生间　　卫生间

会客室　　候客间　　会客室

配膳室

壁龛

葵之间　　候客间　　柏之间

壁龛

地板

电力监控室

池泉

排水口

机械室

灯笼

竹篱笆

所有者————鱼伊有限公司
所在地————新潟县长冈市柏町
建造年份————1978年
设计·施工————岩城造园

# 今津

本邸位于日本长冈市。由于是料亭的庭院，为了避免大雪沉积，于是选择在地下基柱部分建造了两座庭院。

一座是泷之庭，另一座是池之庭。由于植被较难管理，于是使用淋灌装置，配备能使雨水洒落庭院的管理系统。

池之庭的三面是藤之间、葵之间、柏之间这三个房间，另一面与水相对。各个房间周围摆放灯笼、井栏、石槽作为景物装饰，打造出悲凉的氛围。

此庭院的背面邻接混凝土墙壁。为了隐藏这个墙壁，将防护墙打造成不同的高度并加上顶盖，设计成围墙的模样，增加庭院的趣味。

泷之庭的三面是桐之间、荻之间、走廊。大型植被和沙洲富有生机地点缀着庭院。瀑布上部是石组，中部是散落的石组，蓄积了大量的水。淋灌装置与傍晚的雷阵雨一同打造出一丝凄凉感。

**泷之庭 瀑布俯瞰景观**

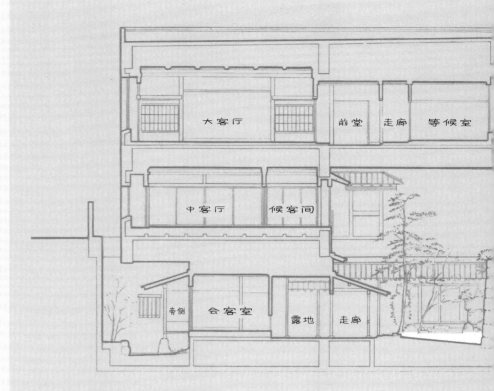

**平面图** 比例尺 1:150

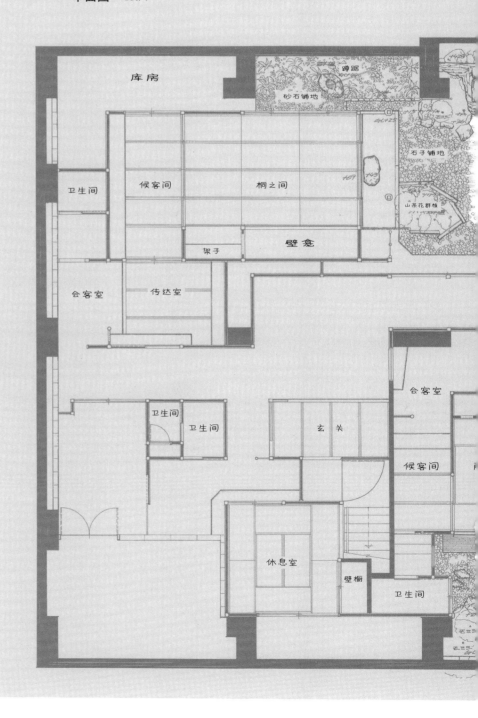

今津 坪庭实测图

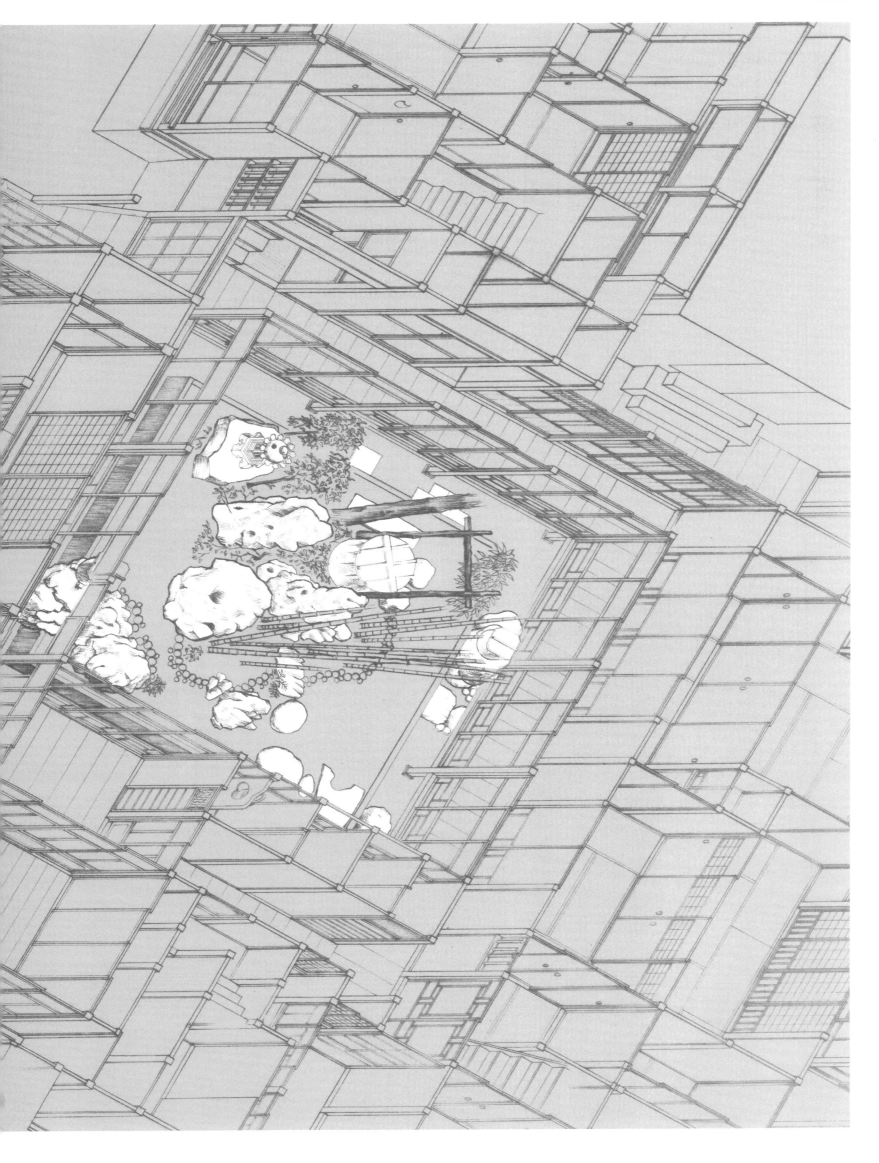

日本庭院集成　坪庭

俯视图　比例尺 1:75

今津 坪庭实测图

本节选取八日市料亭玄关内侧的座敷（铺着榻榻米的房间）坪庭和住居的佛间前的坪庭进行解说。

玄关内侧的座敷坪庭由延段、白川沙砾石、树篱构成。庭院中的石头路效仿圆通寺，搭配真珠庵风格的树篱，并且加入了模仿京都著名庭院的细节设计。

以砾石描绘旋涡的简单设计，使得其他构成要素也发挥效果。树篱和苑路的横向结构与建筑线相辅相成，打造出落落大方的感觉。

佛间坪庭仅由井栏和灯笼构成，整体以石板为中心，设计成踏脚石的效果。隔着围墙在背面有一个绿色小通道，由于围墙上方露出了杉树和红叶的枝丫，因此此处并没有种植其他植被，而成为单调的景象。因为位于佛间前，坪庭中的灯笼作为献灯，可移动性成为第一考虑要素。

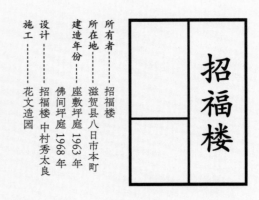

所有者————招福楼
所在地————滋贺县八日市本町
建造年份————座敷坪庭 1963 年
　　　　　佛间坪庭 1968 年
设　计————招福楼 中村秀太良
施　工————花文造园

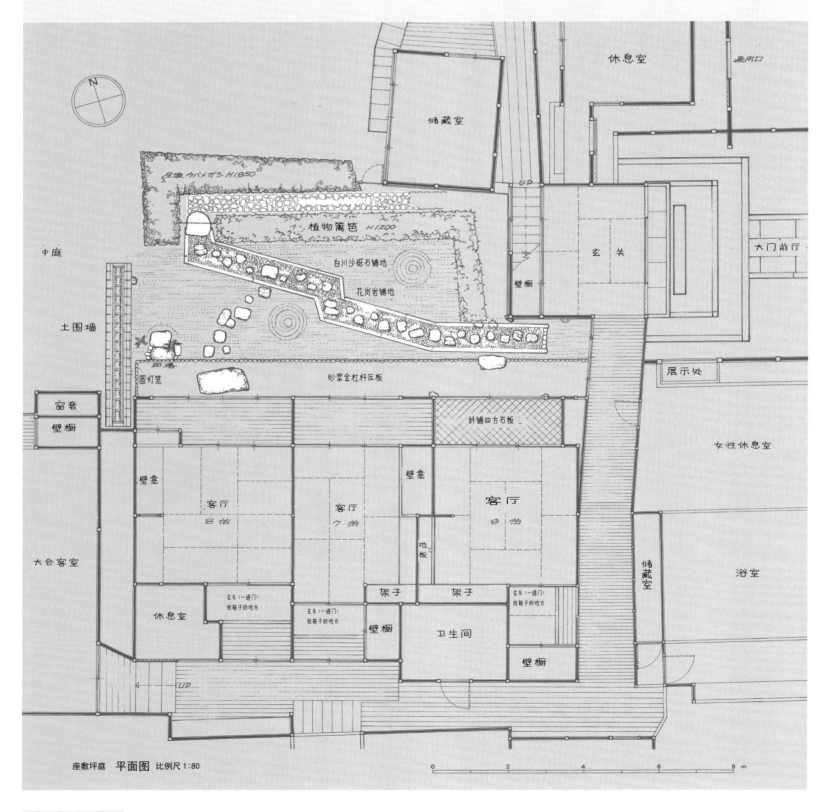

座敷坪庭　平面图　比例尺 1:80

生垣 ウバメガシ H1850

植物窝笆 H1200

白川沙砾石铺地

花岗岩铺地

中庭

土围墙

圆灯笼

砂浆金杠杆压板

斜铺四方石板

窗套

壁橱

壁龛

壁龛

客厅 8 帖

客厅 7 帖

客厅 8 帖

地板

架子

架子

大会客室

休息室

玄关（一进门）放鞋子的地方

玄关（一进门）放鞋子的地方

壁橱

卫生间

玄关（一进门）放鞋子的地方

壁橱

壁橱

休息室

储藏室

玄关

壁橱

展示处

大门前厅

女性休息室

储藏室

浴室

通用口

**招福楼 坪庭实测图**

佛间坪庭 居室前的踏脚石景观　座敷坪庭 雨滴石　　　　　座敷坪庭 铺路石

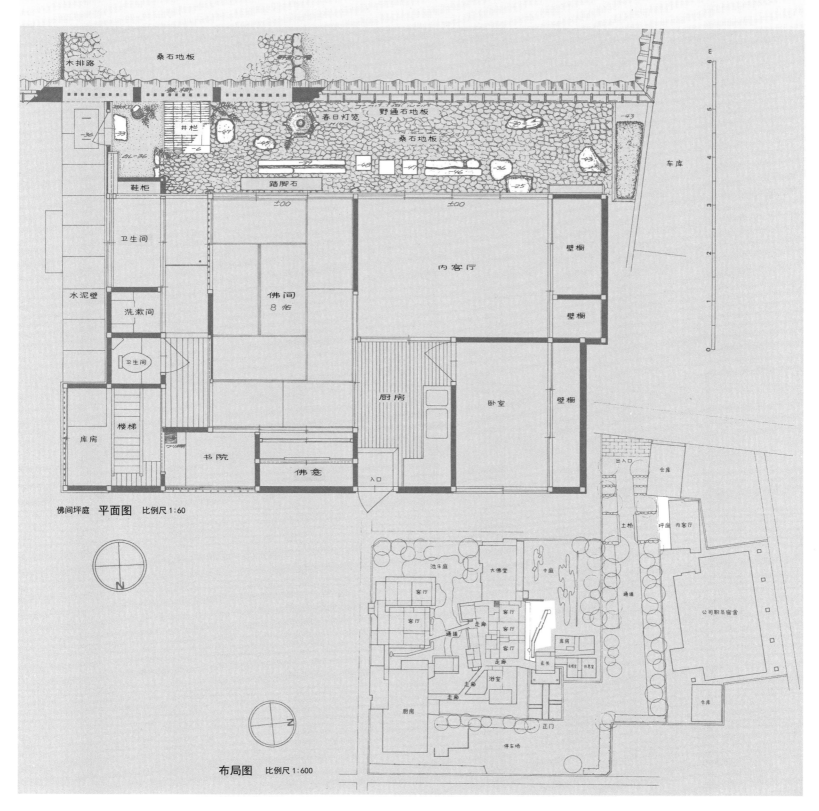

佛间坪庭　平面图　比例尺1:60

布局图　比例尺1:600

**招福楼 坪庭实测图**

佛间坪庭 **俯视图** 比例尺 1:50

# 相羽邸

所有者——相羽义朗
所在地——名古屋市昭和区
建造年份——1982年
设计——野村勘治
施工——石拾株式会社

建造于建筑全面改造时代的庭院。使用古典的景石和灯笼。

庭院采用的是较为单一的设计。为了将眼前的景色浓缩在一起，用麦冬和杂草覆盖地皮。

植被根据主人的喜好只选用南天竹，由于其易生长于阴凉处，因此非常适合种在此处。

铺上即使在狭缝中也能展现出动感的鹅卵石，既可赋予庭院生气，同时也打造出宁静的氛围，设计时颇费心思，庭院整体呈现出生机勃勃的感觉。

**庭中一角景观**

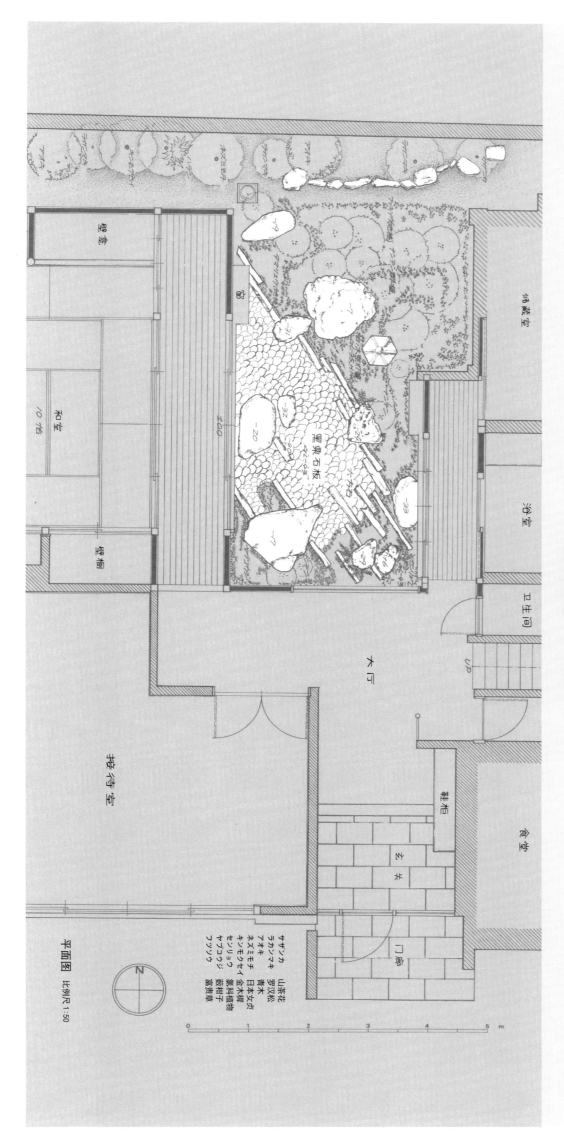

サザンカ 山茶花
ラカンマキ 罗汉松
アオキ 青木
ネズミモチ 日本女贞
キンモクセイ 金木樨
セツリョウ 藜科植物
ヤブコウジ 藜矮竹
フツソウ 富贵草

平面图 比例尺 1:50

0 1 2 3 4 5 m

**相羽邸 坪庭实测图**

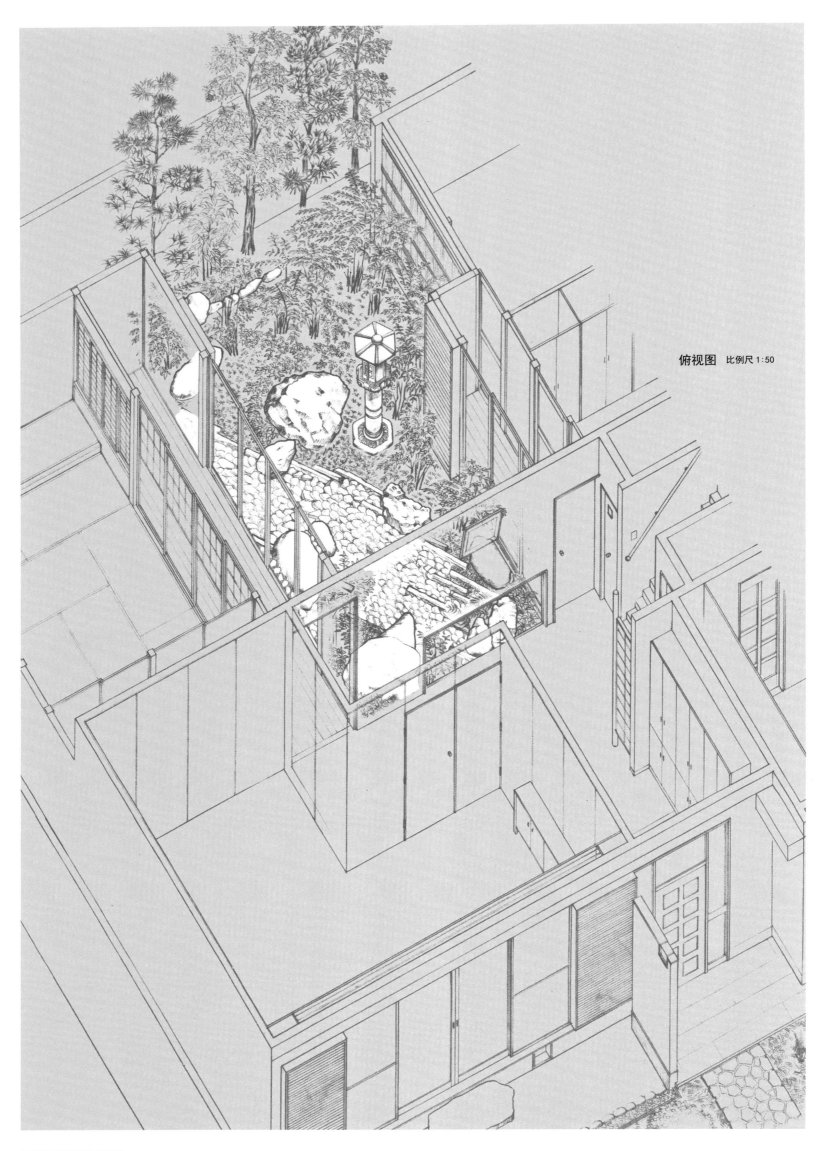

俯视图 比例尺 1:50

相羽邸 坪庭实测图

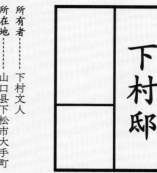

# 下村邸

所有者———下村文人
所在地———山口县下松市大手町
建造年份———1979年
设计·施工——齐藤忠一

本宅邸是儿童医院院长的府邸。由于有许多人进出，所以主人要求在玄关前打造了一处让心休憩的空间。进入玄关后，庭院中的灯笼的上部便进入观者的视野。这让观者对庭院产生了期待感，也是本庭院结构上的绝妙之处。

进入玄关来到玻璃拉门后，就能清楚地看到灯笼的模样。小庭只有一坪半（1坪约为3.3平方米），正好与坪庭的名字相符。从通风处上方射入的光线也是该庭院十分重要的景色之一。

庭院结构十分简单，从玄关开始到右侧摆放灯笼，两侧种植山茶花和柳树，左侧放置石头，设计得十分恰到好处。各个部分分工明确，绝不影响其他部分。庭院内的空间十分小，极小的计算失误都能可能造成致命错误。可以说，造庭者精密的计算，十分符合主人的要求。

从门口看坪庭

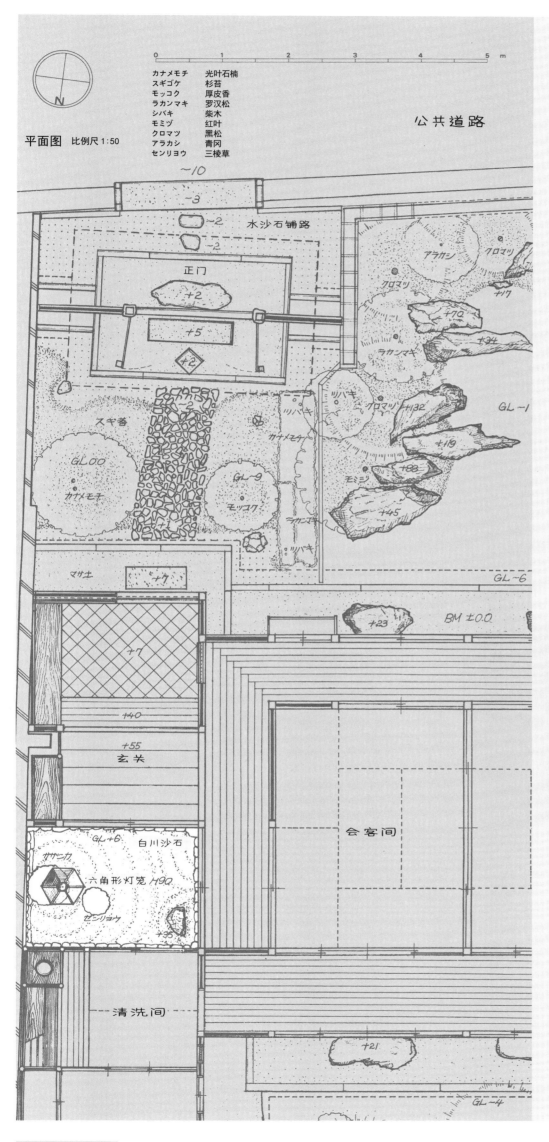

平面图 比例尺1:50

| カナメモチ | 光叶石楠 |
|---|---|
| スギゴケ | 杉苔 |
| モッコク | 厚皮香 |
| ラカンマキ | 罗汉松 |
| シバキ | 柴木 |
| モミヅ | 红叶 |
| クロマツ | 黑松 |
| アラカシ | 青冈 |
| センリヨウ | 三棱草 |

公共道路
水沙石铺路
正门
玄关
会客间
清洗间
白川沙石
六角形灯笼 H90
マサ土

下村邸 坪庭实测图

所有者———田中仙翁
所在地———东京都新宿区
建造年份——1964年
设计————田中仙翁
施工————吉田造园

# 大日本 茶道学会

思齐轩南庭位于四谷左门町的大日本茶道学会本部一层。1964年开始建造。

在杨桐植被群中，点缀着赤松、山茶花，并摆放着灯笼。从室内可以看到杨桐的繁茂和赤松的树干以及灯笼。浓郁的常绿植被与古典的建筑十分和谐。露地（茶庭）行灯与水面相互映照，呈现出富有变化的柔和景象。

本建筑与茶道宗家的地位相符，可以看出其耐人寻味的设计。

庭内一角景观

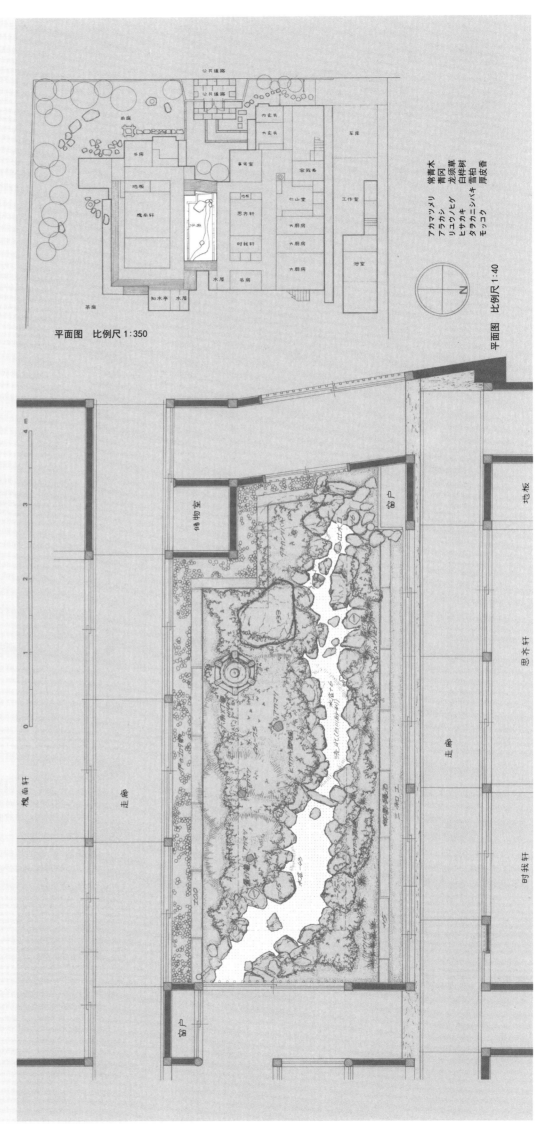

平面图　比例尺 1：350

アカマツ　常青冈
アラカシ　青冈
リュウノヒゲ　龙须草
ヒサカキ　白柞树
タラヨウニシバキ　云柏
モッコク　厚皮香

平面图　比例尺 1：40

**大日本茶道学会　坪庭实测图**

**从下座敷看坪庭**

位于名古屋市中心街的河文料亭内有若干坪庭，此处选取"西下之间"和"下座敷"坪庭。

西下之间坪庭在西侧玄关处，以高墙为背景，为了不使人感到压迫感，种植了隐身草、罗汉松以及蚊母树等大型树木。矮而稳重的六角灯笼与粗树干很好地搭配在一起，呈现出一派宁静的感觉。把铜质的水盘放在台座上，将洗手盆设计成蹲踞的样式。地面上苔藓横生，种植着麦冬等植物，打造出沉稳的感觉。

下座敷坪庭的中央摆放着四角形蹲踞，当作露地使用。左手边上的竹篱笆将左侧包围起来，从西侧走廊的拉窗眺望庭院时，竹篱笆能起到遮挡座敷的作用。

为了适当隐藏建筑物，以堆土的形式使庭院整体不显得压抑，这也是造园手法之一。从玄关走到内侧的座敷时，眼睛所能看到的庭院都充满绿色，呈现出安定感。

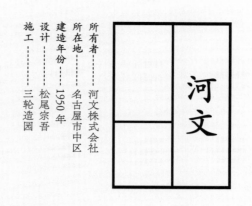

所有者　河文株式会社
所在地　名古屋市中区
建造年份　1950年
设计　松尾宗吾
施工　三轮造园

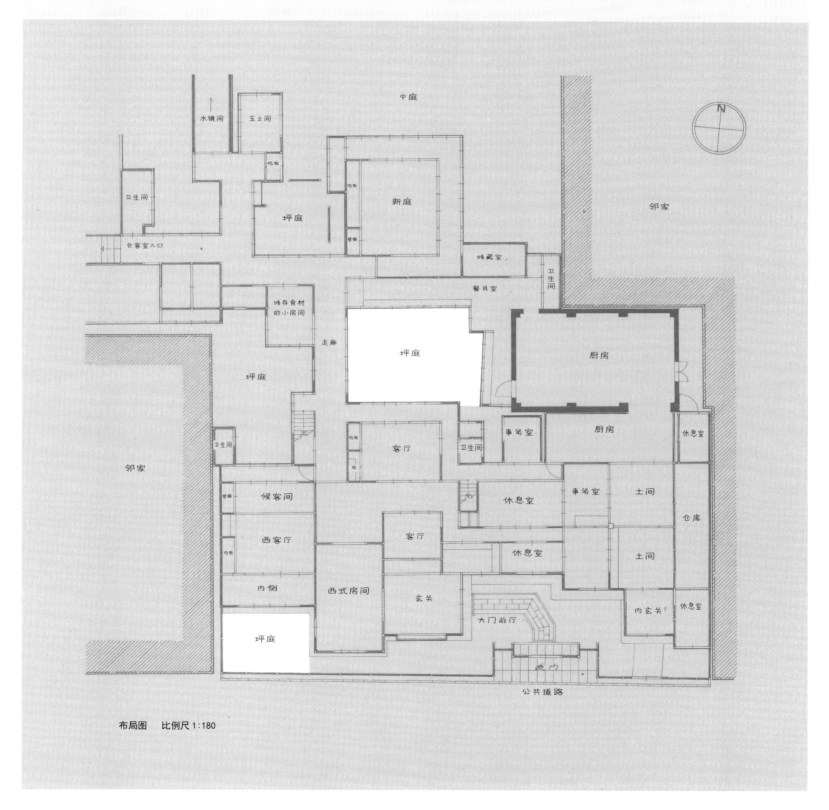

**河文 坪庭实测图**　布局图　比例尺 1:180

※土间：室内低于地面的空间。

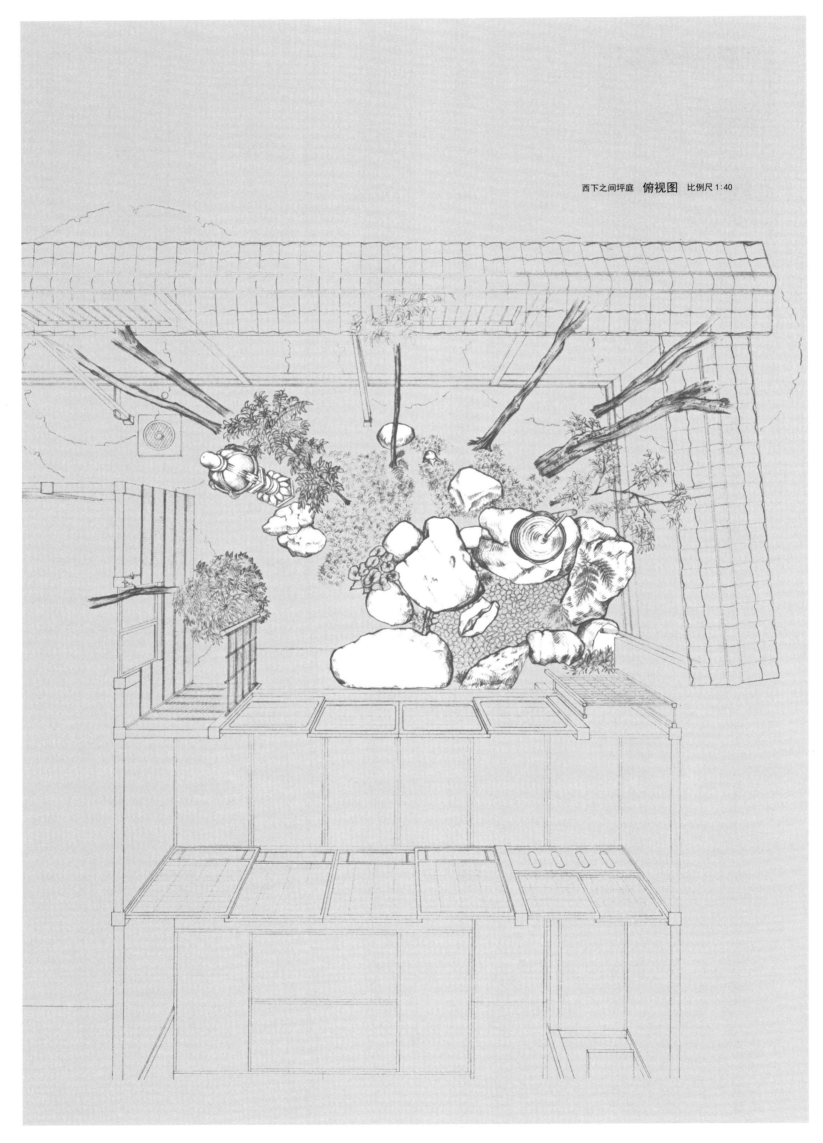

西下之间坪庭 **俯视图** 比例尺 1:40

河文 坪庭实测图

54

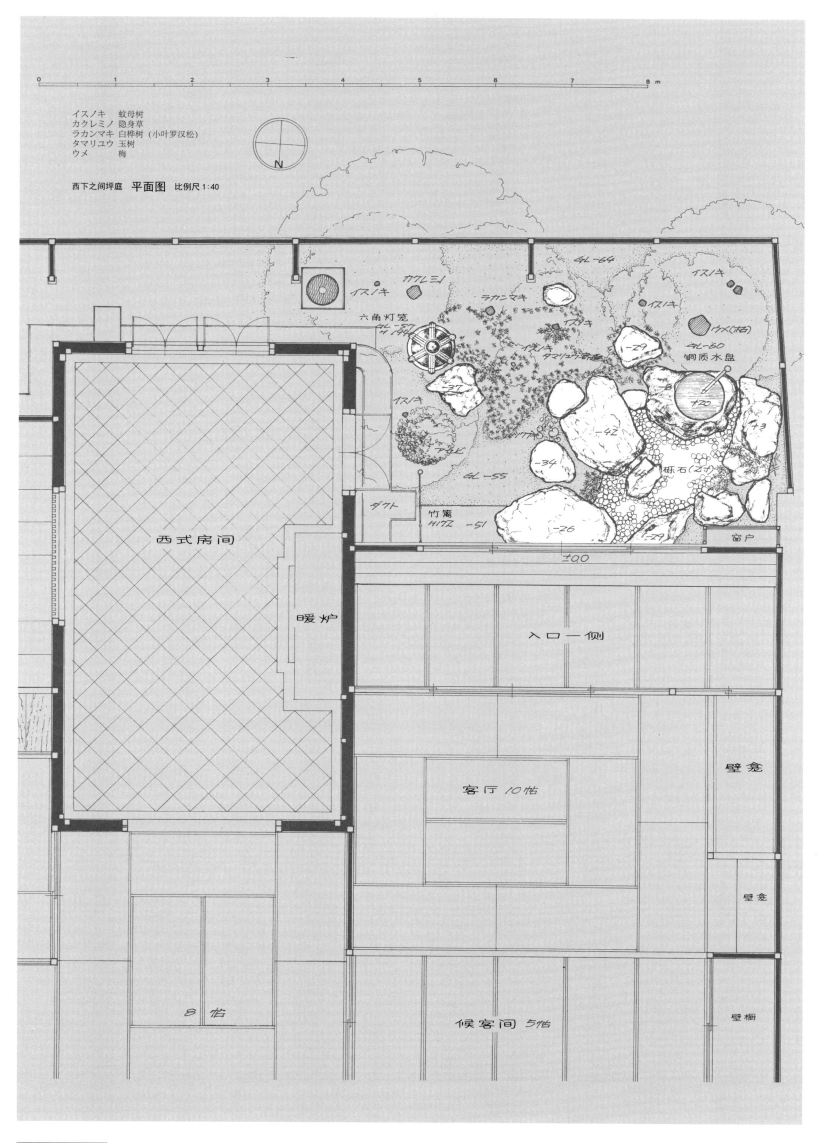

0 1 2 3 4 5 6 7 8 m

イスノキ 蚊母树
カクレミノ 隐身草
ラカンマキ 白桦树（小叶罗汉松）
タマリユウ 玉树
ウメ 梅

西下之间坪庭 平面图 比例尺1:40

N

GL-64
イスノキ
イスノキ カクレミノ
六角灯笼 ラカンマキ GL-60
イスノキ 铜质水盘
タマリユウ ウメ（梅）
イスノキ
西式房间
GL-55
暖炉 砚石
ダクト 入口一侧
竹篱 窗户
±0.0
客厅10帖 壁龛
壁龛
8帖 候客间5帖
壁橱

河文 坪庭实测图

西下之间坪庭 井栏

西下之间坪庭 水盘

西下之间坪庭 灯笼

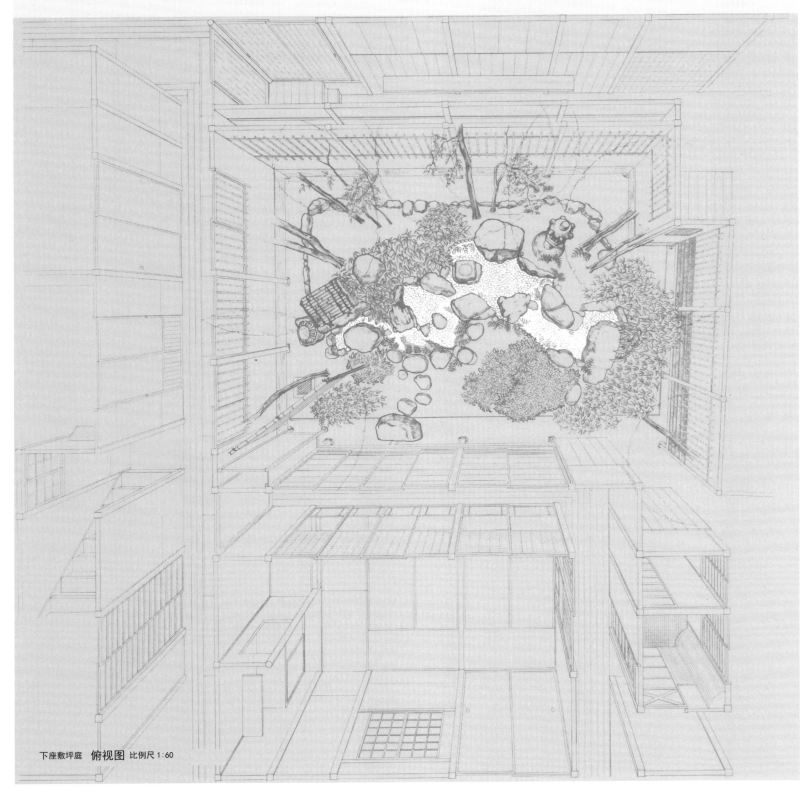
下座敷坪庭 **俯视图** 比例尺 1:60

河文 坪庭实测图

下座敷坪庭 灯笼

下座敷坪庭 水盘

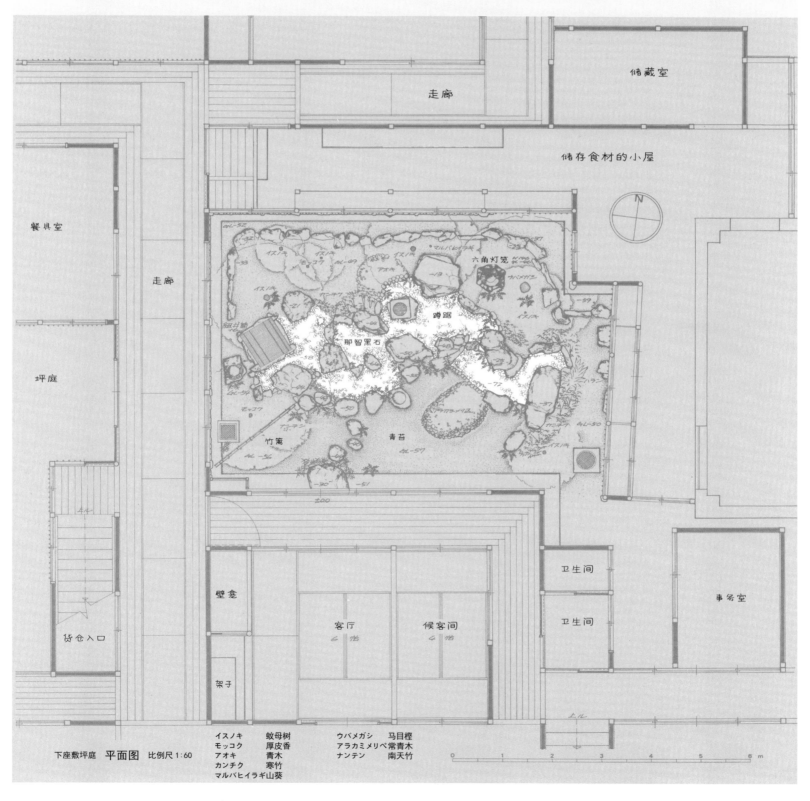

走廊

储藏室

储存食材的小屋

餐具室

走廊

坪庭

六角灯笼

跨踞

那智黑石

青苔

竹筧

壁龛

货仓入口

架子

客厅
6帖

候客间
6帖

卫生间

卫生间

事务室

下座敷坪庭 平面图 比例尺 1:60

| イスノキ | 蚊母树 | ウバメガシ | 马目樫 |
|---|---|---|---|
| モッコク | 厚皮香 | アラカミメリベ | 常青木 |
| アオキ | 青木 | ナンテン | 南天竹 |
| カンチク | 寒竹 | | |
| マルバヒイラギ | 山葵 | | |

0  1  2  3  4  5  6 m

河文 坪庭实测图

此料亭内有三个备受瞩目的庭院：一个是在一层餐厅前的庭院，另一个是二层的中庭，最后一个也是在二层的池之庭。

餐厅前的庭院虽然仅用了石头和黑松的组合来装饰，但是打造出了清幽的氛围。黑松的树干十分整齐，上下粗细均匀。与此相对的是纤细的枝丫，后方的土围墙让人不禁联想到屏风以及隔扇画。若从料亭二层的枫之间向外眺望，随着视点的变化，会看到不同的有趣景象。

二层中庭的四周被大会客室和走廊包围着，与南侧的茶室相对，同时设有露地（茶亭）。庭院整体铺着沙砾，以L形小路为中心，巧妙地将踏脚石和铺路石搭配在一起。通过整体种植四方竹打造出从房间到走廊的不同景象。

池之庭作为屋内庭院采用了非常大胆的结构设计。从室内向外看或从走廊向外看时所看到的景象都十分不错。这座庭院能够让人感受到主人对来客的用心。

所有者……………八百条株式会社
所在地……………仙台市二日町
建造年份…………1982年
设计………………创造社
施工………………热海造园

八百条

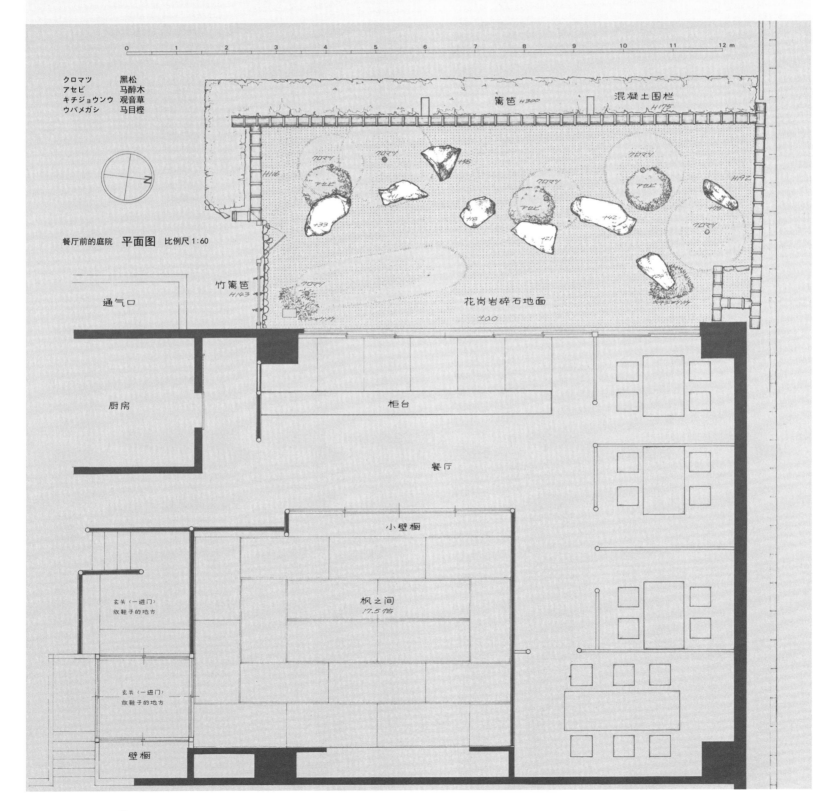

| クロマツ | 黑松 |
| アセビ | 马醉木 |
| キチジョウソウ | 观音草 |
| ウバメガシ | 马目樫 |

餐厅前的庭院 平面图 比例尺 1:60

八百条 坪庭实测图

二层池之庭 东部景观　　　　　二层池之庭 北部景观　　　　　二层中庭 西侧走廊景观

餐厅前的庭院　俯视图　比例尺 1:60

八百条 坪庭实测图

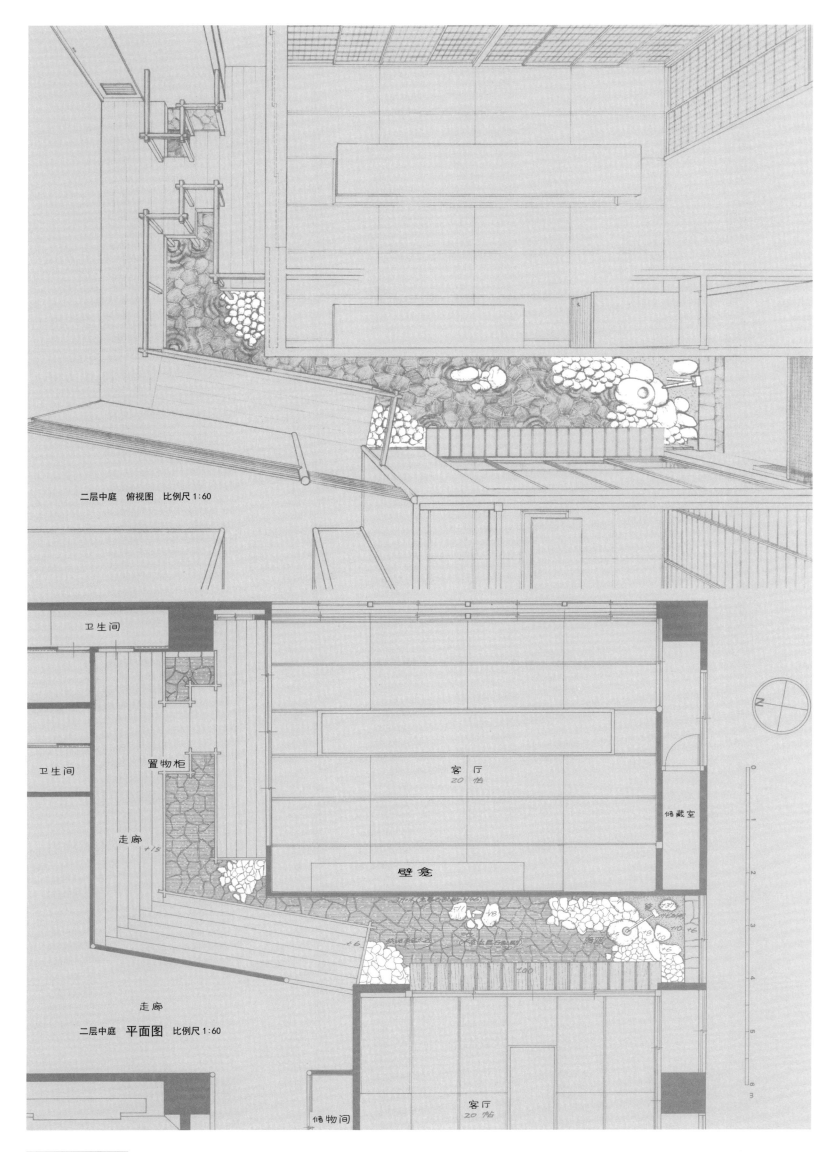

二层中庭 俯视图 比例尺1:60

卫生间

卫生间

置物柜

走廊 +15

客厅
20帖

壁龛

储藏室

走廊

二层中庭 平面图 比例尺1:60

储物间

客厅
20帖

八百条 坪庭实测图

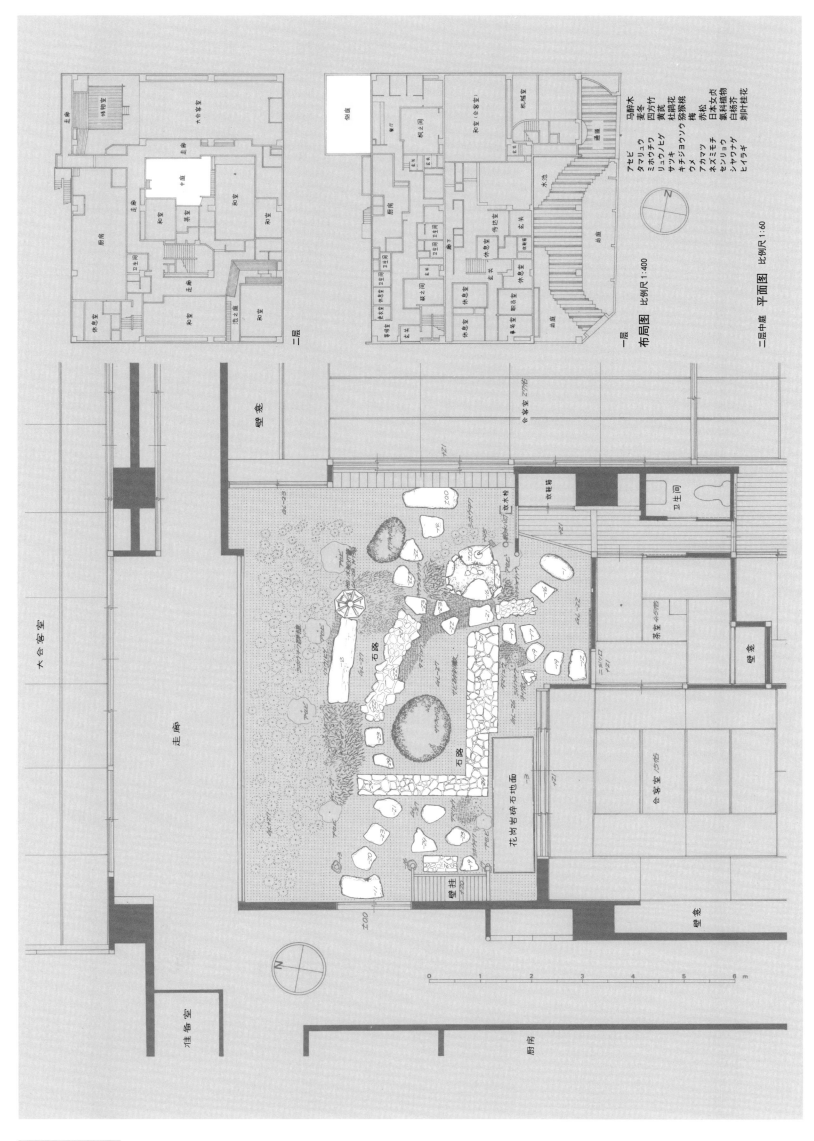

八百条 坪庭实测图

中庭 瀑布全景

从标尺的大小来看，坪庭也许比中庭大。但从作庭技艺上来看，坪庭展现了更多值得参考的细节设计。

该建筑中有三处颇具特色的庭院：一个是走廊和仓库间的石庭，另一个是泷之庭，最后一个是走廊流庭。其中，走廊流庭使用的是化石，将各种元素巧妙地组合设计在一起。

石庭通过石头和植物的组合来展现其美感，将传统的石组景观升华为具有现代感的设计。

从电梯里向外眺望，就能发现该庭院的设计充分考虑到了由上而下的视线变化景象，植被和白川沙砾的对比显得格外美丽，该庭院可以成为今后公共建筑中庭院的参考。

所有者┄┄┄佐勘宾馆株式会社
所在地┄┄┄宫城县名取郡秋保町
建造年份┄┄1983年
设计·施工┄热海造园

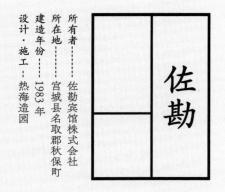

佐勘

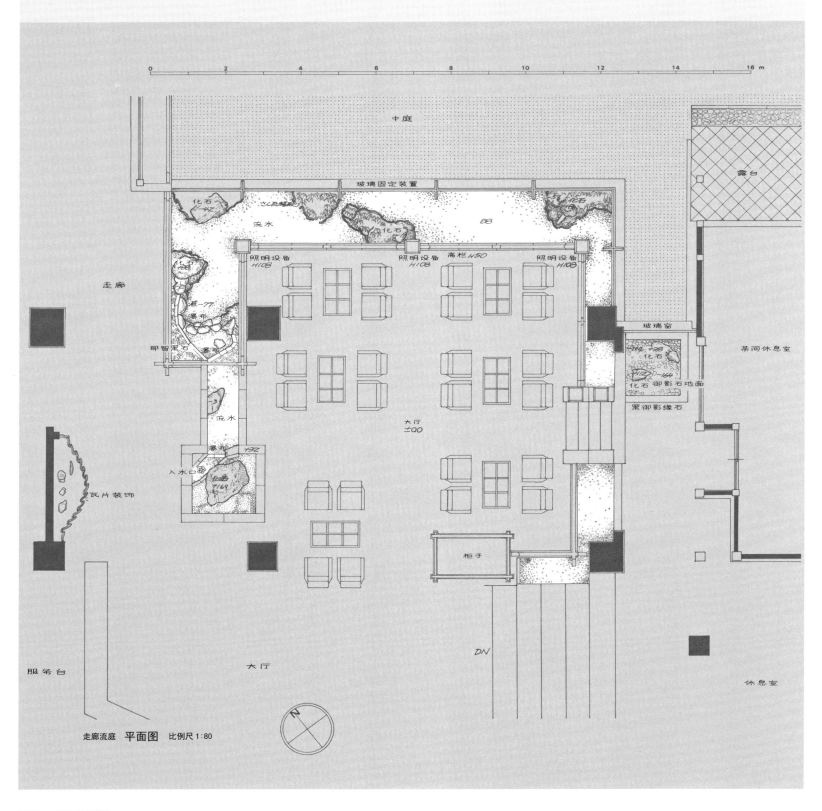

走廊流庭 平面图 比例尺 1:80

佐勘 坪庭实测图

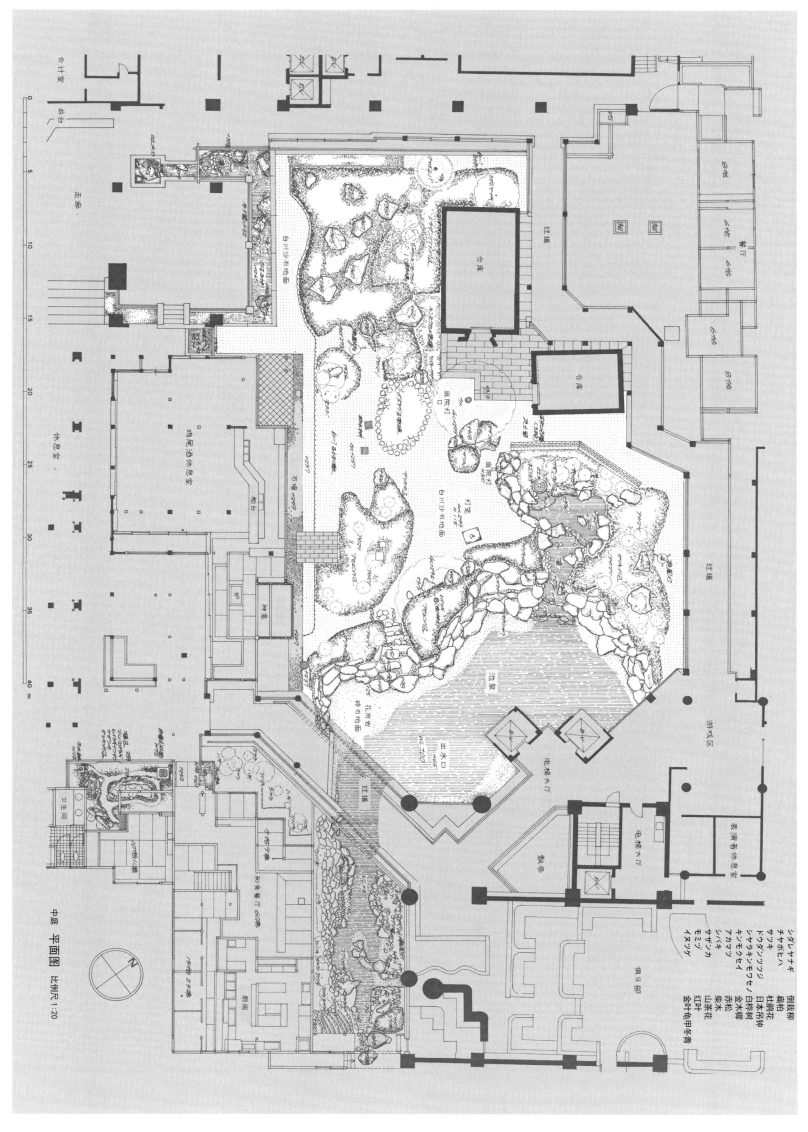

佐勘 坪庭实测图

中庭 平面图 比例尺 1:20

所有者——嵯峨野株式会社
所在地——福冈市博多区
建造年份——1973年
设计·施工——山崎造园

# 嵯峨野

这座料亭内有中庭，是典型的坪庭，还有带着侧庭的露地，本节选取二者进行介绍。

中庭被客房和走廊包围着，约为七坪。北侧摆放织部灯笼和龙安寺样式的洗手盆，作为该庭院的中心部分。用竹篱笆装饰点缀角落，使得建筑物整体呈现出柔美感。庭院内铺上了大量的踏脚石，搭配彩色的石头，给人们留下深刻印象。

里面的侧庭向南北延伸，露地连着茶室。观者能够从各个房间观赏独立的景色。虽然空间有限，但通过合理地种植植被，打造出富于变化的景象。尤其是蹲踞周边的设计，显得十分协调，让人能够感受到设计者的智慧。

**侧庭 茶室前的蹲踞**

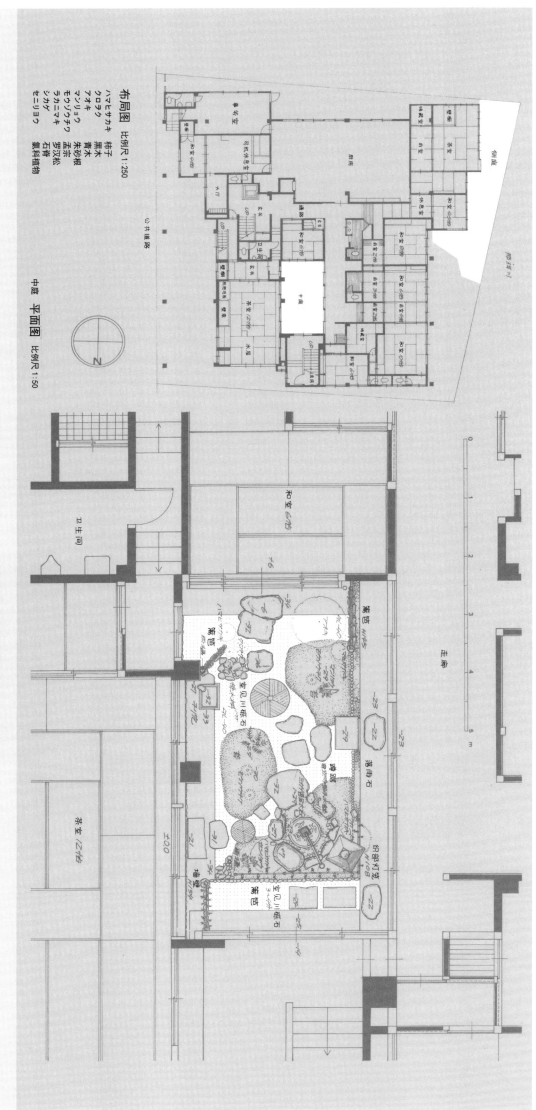

布局图 比例尺1:250

中庭 平面图 比例尺1:50

**嵯峨野 坪庭实测图**

中庭 俯视图 比例尺 1:40

嵯峨野 坪庭实测图

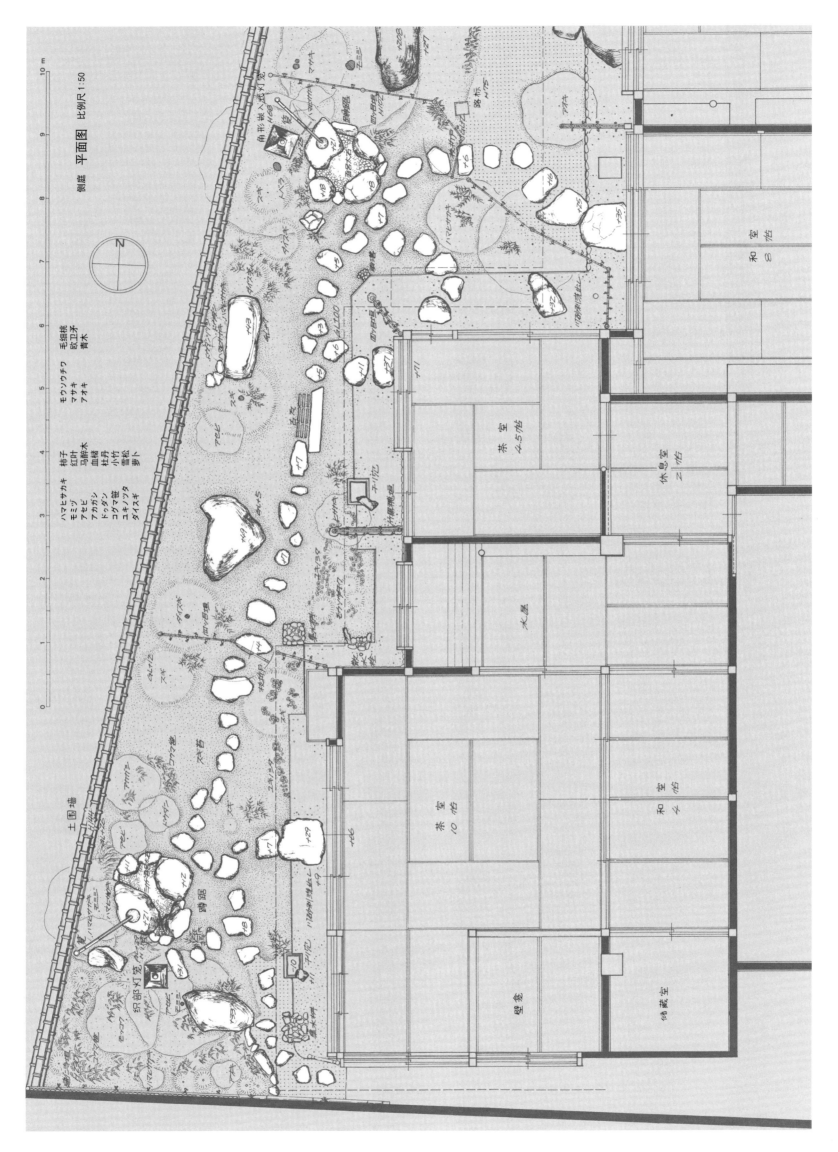

侧庭 平面图 比例尺 1:50

嵯峨野 坪庭实测图

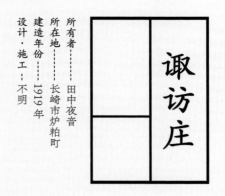

所有者————田中夜音
所在地————长崎市炉粕町
建造年份————1919年
设计·施工————不明

诹访庄

诹访庄位于诹访神社附近的幽静的住宅街，是大正时代（1912—1926年）银行财阀的住宅。

在四角形建筑物的中央有一个方形空间，其中央处有一个铺有五色石子的钵，种植有棕竹。庭内摆放着水缸和陶制的椅子，由于是舶来品，让庭院整体富有异国情调。这个钵给人一种奇幻的感觉，使得庭院呈现出涣散感。

在纯日式建筑物中加入能让人感受到异国情调的庭院，这可以说是长崎的特色。

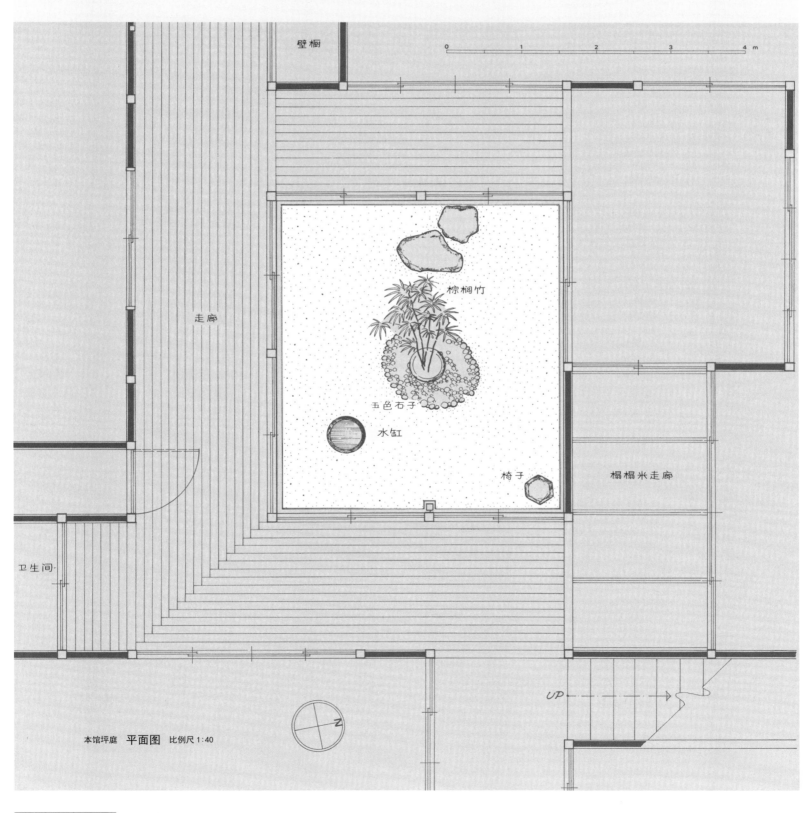

壁橱

走廊

卫生间

棕榈竹

五色石子

水缸

椅子

榻榻米走廊

UP

本馆坪庭 平面图 比例尺1:40

**诹访庄 坪庭实测图**

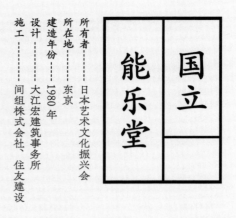

国立
能乐堂

所有者——日本艺术文化振兴会
所在地——东京
建造年份——1980 年
设计——大江宏建筑事务所
施工——间组株式会社、住友建设

日本国立能乐堂是为继承和普及传统能乐艺术而建造的，于 1980 年开始施工，1983 年竣工。国立能乐堂将传统能乐元素与现代的实用性设计相结合，建筑群整体拥有优雅的外观，尤其是屋顶的设计极具特色，仿佛能将人引入能乐的神秘世界。

踏入正门，首先进入玄关，玄关的里侧便是极富古韵的中庭。中庭采光极好，明媚的阳光照射着丰富的绿植。庭院的地面上铺满青苔，中央处设置石组，有着传统日式庭院特有的静寂与深远之感。在青葱绿色醒目的时节，中庭带来一片生机盎然；在绿色褪去、落叶纷飞的季节，侘寂的美学便又成为庭院的主流情调。就这样，中庭的情致不负能乐堂之名，总是能将观者带进能乐的"幽玄"世界。

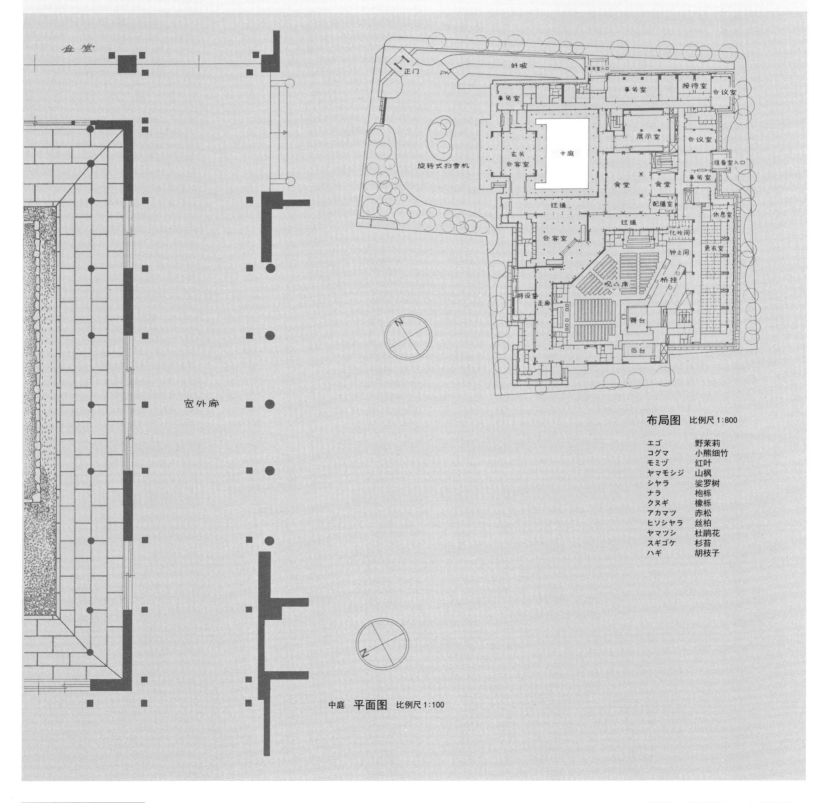

布局图　比例尺 1：800

| エゴ | 野茉莉 |
| コグマ | 小熊细竹 |
| モミヅ | 红叶 |
| ヤマモシジ | 山枫 |
| シヤラ | 娑罗树 |
| ナラ | 枹栎 |
| クヌギ | 橡栎 |
| アカマツ | 赤松 |
| ヒソシヤラ | 丝柏 |
| ヤマツシ | 杜鹃花 |
| スギゴケ | 杉苔 |
| ハギ | 胡枝子 |

中庭　平面图　比例尺 1：100

国立能乐堂 坪庭实测图

※桥挂：能剧演员上台的通道。

中庭 北部景观

中庭 中央石组

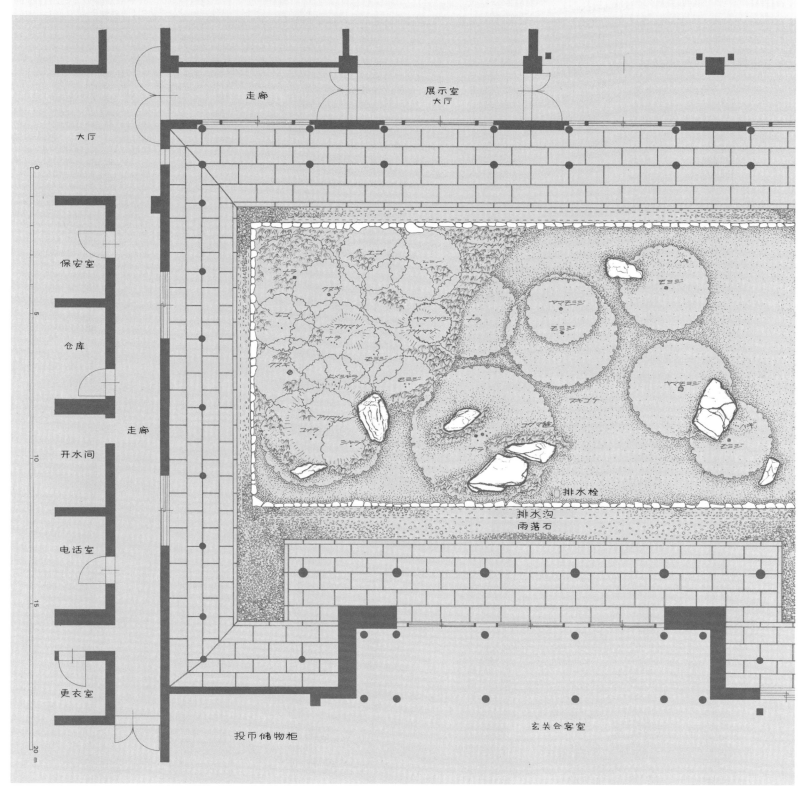

走廊

展示室
大厅

大厅

保安室

仓库

走廊

开水间

电话室

更衣室

投币储物柜

排水栓

排水沟
雨落石

玄关会客室

国立能乐堂 坪庭实测图

中庭 俯视图 比例尺 1:125

医王庵 坪庭实测图

所有者———三基商事
所在地———爱媛县东予市河原津
建造年份———1982年
设计———美建设计事务所
施工———山中三方园

# 医王庵

医王庵位于东予市的国民度假村附近的三基商事招待所，由于有许多外来客人，所以将其建造成民家风格。医王庵面积较大，设有茶室和带有食堂的入母屋风格的建筑物，本节主要介绍玄关通风处的中庭。

中庭的中央处有称为"界壁"的流水墙，水最终流入水池（泳池）内。这个界壁上的圆窗以水车为主题，同时起到阻断南北客室的作用。从玄关正面的细缝看，形成如同瀑布一般的景观，可以说是一举两得的设计。

被这个界壁分隔开的两侧景观和从走廊到竹篱之间的景观完全不同。整合融入了纯日式元素，打造出建筑物与庭院相互融合的空间。

中庭 内客厅·食堂的圆窗

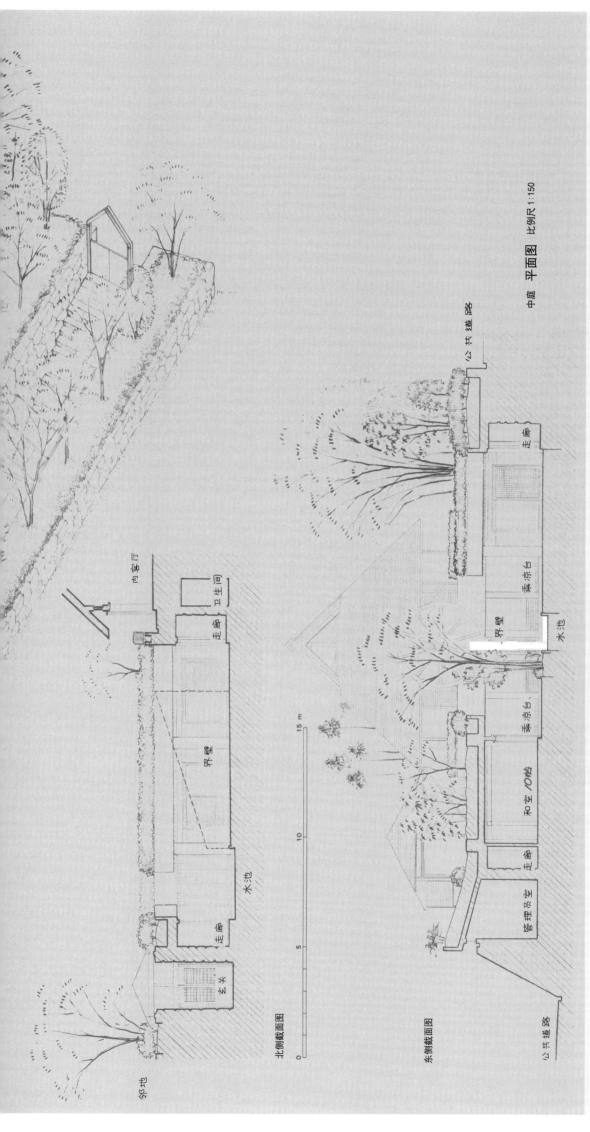

内客厅

卫生间

走廊

界壁

水池

走廊

玄关

斜地

北侧截面图

中庭 平面图 比例尺 1:150

公共道路

走廊

乘凉台

界壁

水池

乘凉台

和室 10帖

走廊

管理员室

公共道路

东侧截面图

0    5    10    15 m

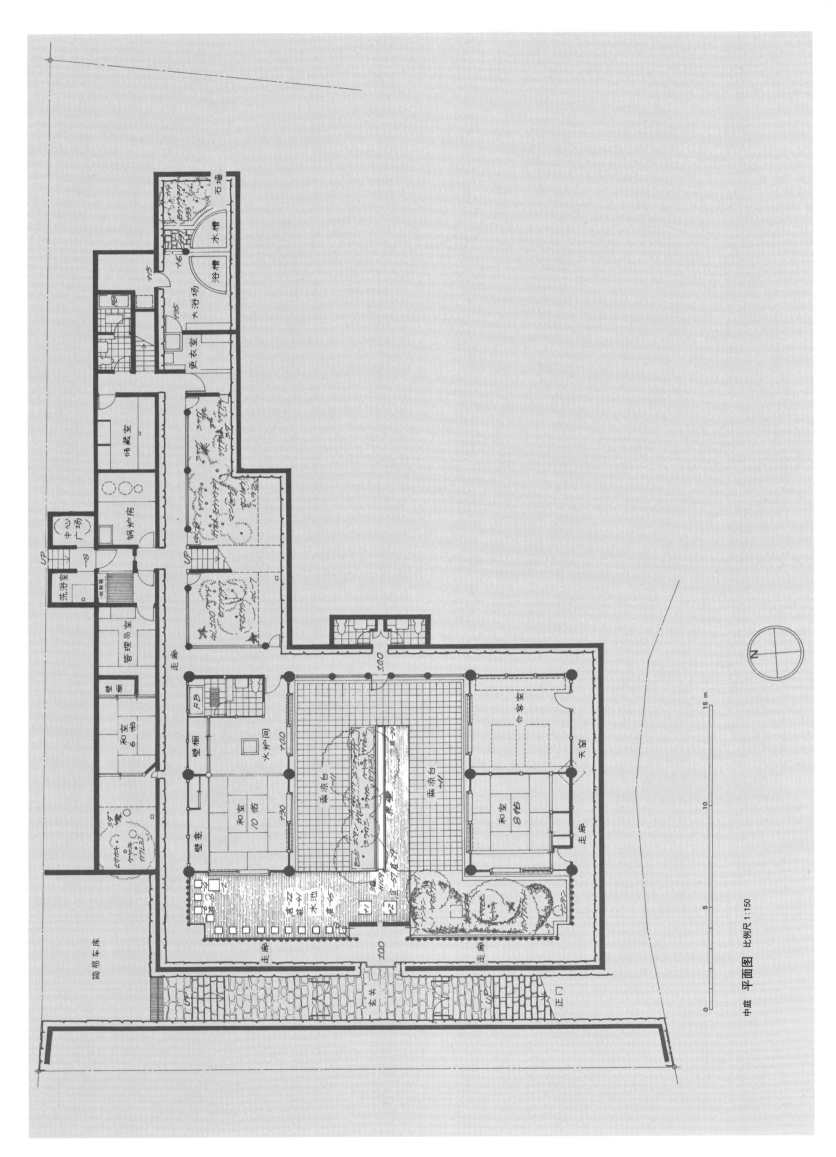

医王庵 坪庭实测图

中庭 平面图 比例尺 1:150

0    5    10    15 m

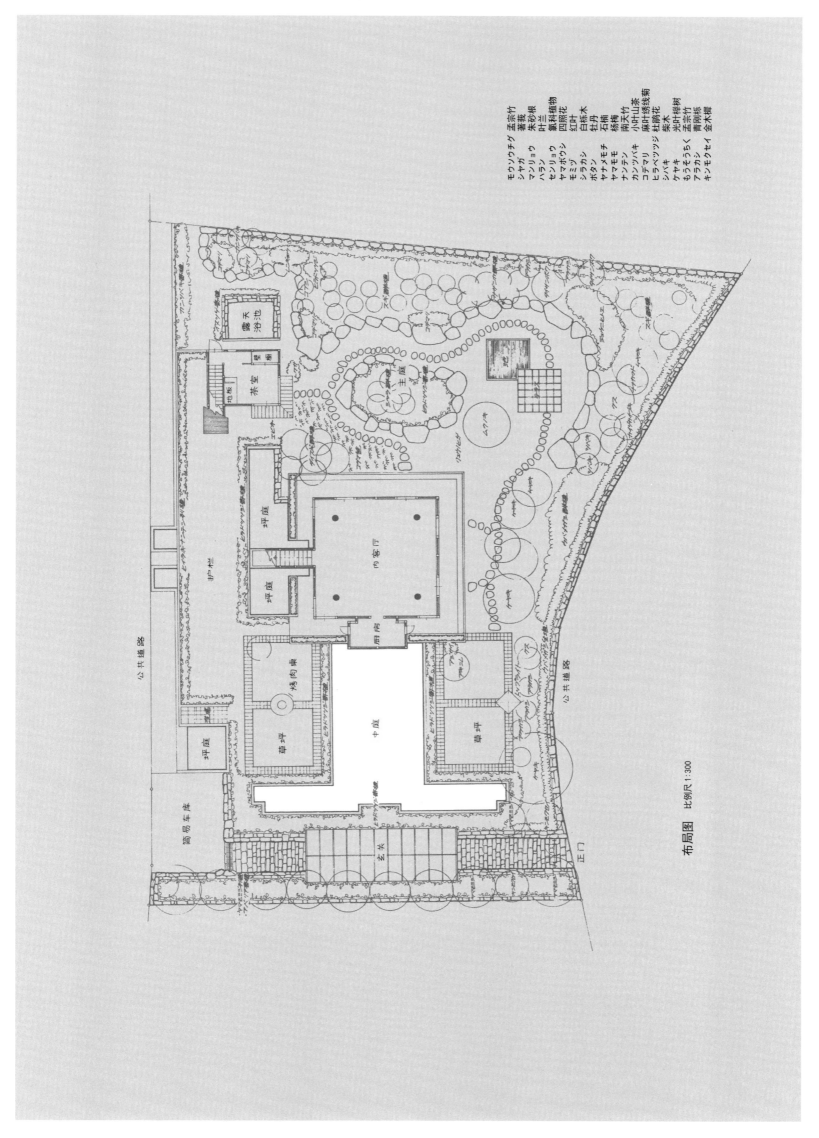

モウソウチク 孟宗竹
シャガ 著莪
マンリョウ 朱砂根
ハラン 叶兰
センリョウ 豪科植物
ヤマボウシ 四照花
モミジ 红叶
シラカン 白桦木
ボタン 牡丹
ヤナギモチ 石楠
ヤマモモ 杨梅
ナンテン 南天竹
カンツバキ 小叶山茶
コデマリ 麻叶绣线菊
ヒラペツツジ 杜鹃花
シバキ 柴木
ケヤキ 光叶榉树
もちそうらく 孟宗竹
フラカン 青刚栎
キンモクセイ 金木犀

医王庵 坪庭实测图

布局图 比例尺 1:300

前庭 敷瓦俯瞰景观

南庭中央摆放着流政之氏的极具特色的作品，在周围用瓦片制作出波浪的形状。用栈瓦、轩先瓦、纽瓦这三种瓦片摆放出四种波浪的形状。在中心种植绿色植被，打造出与波浪相结合的带有观赏价值的特色庭院。

在邻地和边界的混凝土围墙后面林立着扁柏，与邻家隔开，同时给庭院制造出独立且幽静的空间。

另外，为了打造出自然感，种有樱树，还有杜鹃花、山茶花等，增添了四季的美感。瓦片和墙壁设计成单调的形式，仿佛无机物一般，巧妙地与植物组合在一起，打造出祥和的空间。

所在地——兵库县宝塚市逆濑台
建造年份——1982年
设计——出江宽建筑事务所
施工——石井造园

# 逆濑台之家

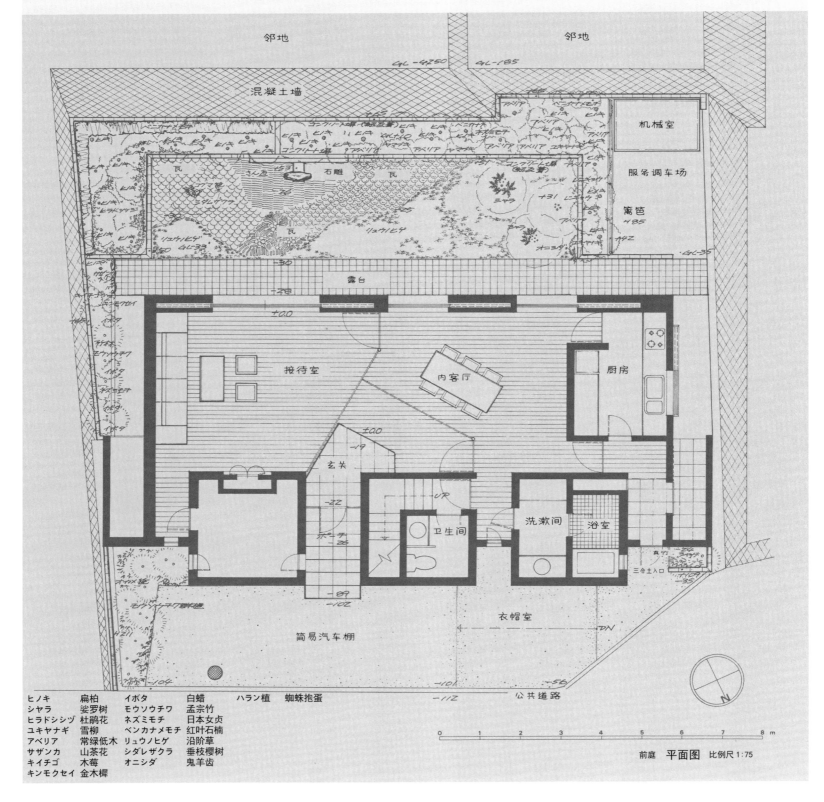

| ヒノキ | 扁柏 | イボタ | 白蜡 | ハラン植 | 蜘蛛抱蛋 |
| シャラ | 娑罗树 | モウソウチワ | 孟宗竹 | | |
| ヒラドシシヅ | 杜鹃花 | ネズミモチ | 日本女贞 | | |
| ユキヤナギ | 雪柳 | ベンカナメモチ | 红叶石楠 | | |
| アベリア | 常绿低木 | リュウノヒゲ | 沿阶草 | | |
| サザンカ | 山茶花 | シダレザクラ | 垂枝櫻树 | | |
| キイチゴ | 木莓 | オニシダ | 鬼羊齿 | | |
| キンモクセイ | 金木樨 | | | | |

前庭 平面图 比例尺 1:75

逆濑台之家 坪庭实测图

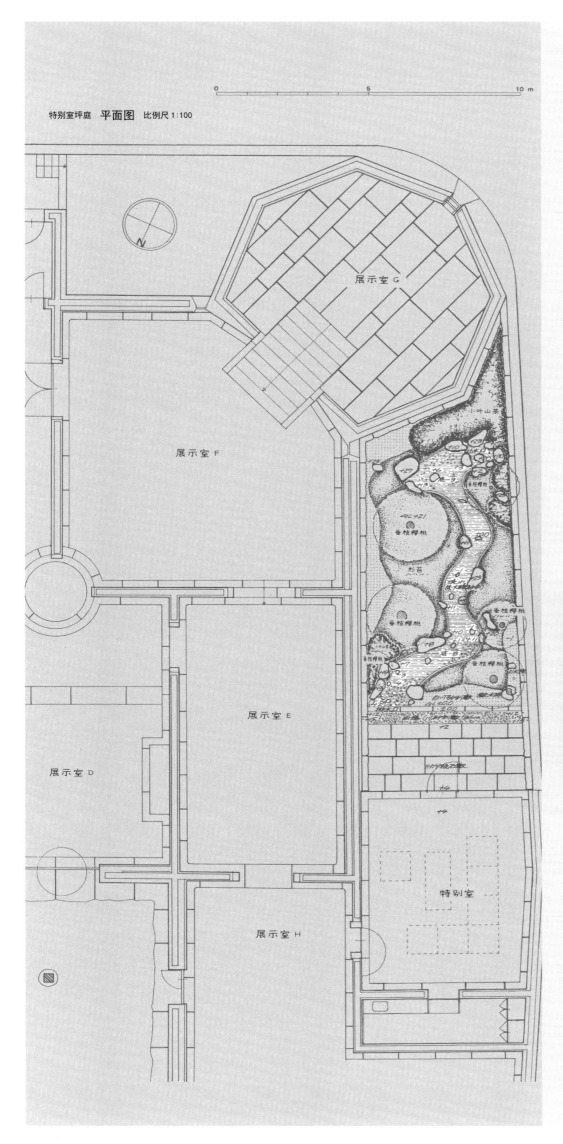

特别室坪庭 **平面图** 比例尺 1:100

0　　　　　　　　5　　　　　　　　10 m

N

展示室 G

展示室 F

小叶山茶

番枝樱桃

杉苔

番枝樱桃

番枝樱桃

番枝樱桃

展示室 E

展示室 D

特别室

展示室 H

**芹泽铚介美术馆　坪庭实测图**

| 所有者 | 静冈市 |
|---|---|
| 所在地 | 静冈市登吕 |
| 建造年份 | 1981 年 |
| 设计 | 白井晟一 |
| 施工 | 岩城造园 |

芹泽铚介
美术馆

特别室
坪庭

　　该庭院位于美术馆西侧的特别室之前，三面被红云石外壁包围着。这个特别室并非用于展示，而是作为芹泽氏的房间而设计的，因此本庭院与其说是公共建筑，不如说是私宅用的庭院（但是最近这个庭院对外开放了）。这座庭院让人在西洋建筑中感受到了日式建筑风情。

　　庭院以芹泽氏的作品为主体结构，将地板和地面设为同样的高度，使整体景观融入自然之中。并且在与庭院相对的墙壁上设了一扇玻璃门，让庭院和房间显得更为一体。

　　作为铜板茸建筑，园内大量使用雨滴形设计，合理种植杉苔，这些成为该庭院的点睛之笔。

**特别室坪庭　部分景观**

特别室坪庭　**俯视图**　比例尺 1:80

芹泽铚介美术馆　坪庭实测图

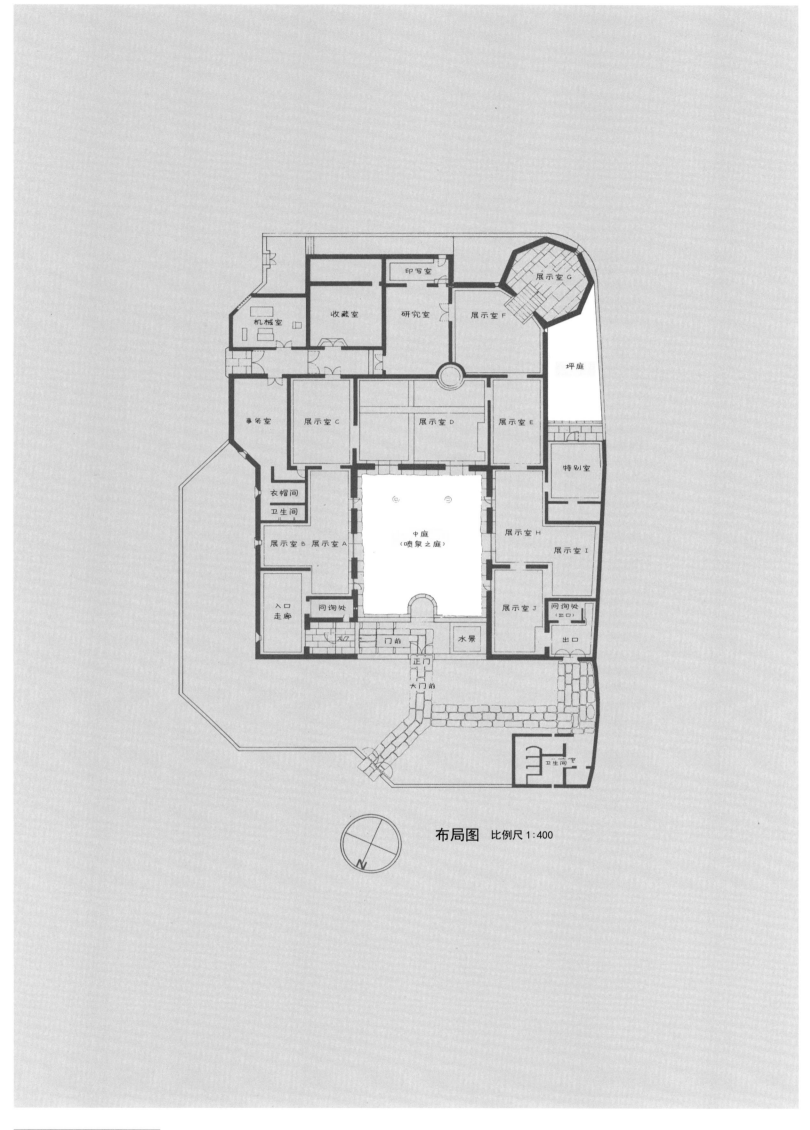

印写室

收藏室  研究室  展示室 F

机械室  展示室 G

坪庭

事务室  展示室 C  展示室 D  展示室 E

特别室

衣帽间
卫生间

中庭
（喷泉之庭）

展示室 H

展示室 B 展示室 A

展示室 I

入口
走廊  问询处

展示室 J

问询处
（出口）

门前  水景

出口

正门
大门前

卫生间

**布局图** 比例尺 1:400

三轮素面山本　中庭　全景

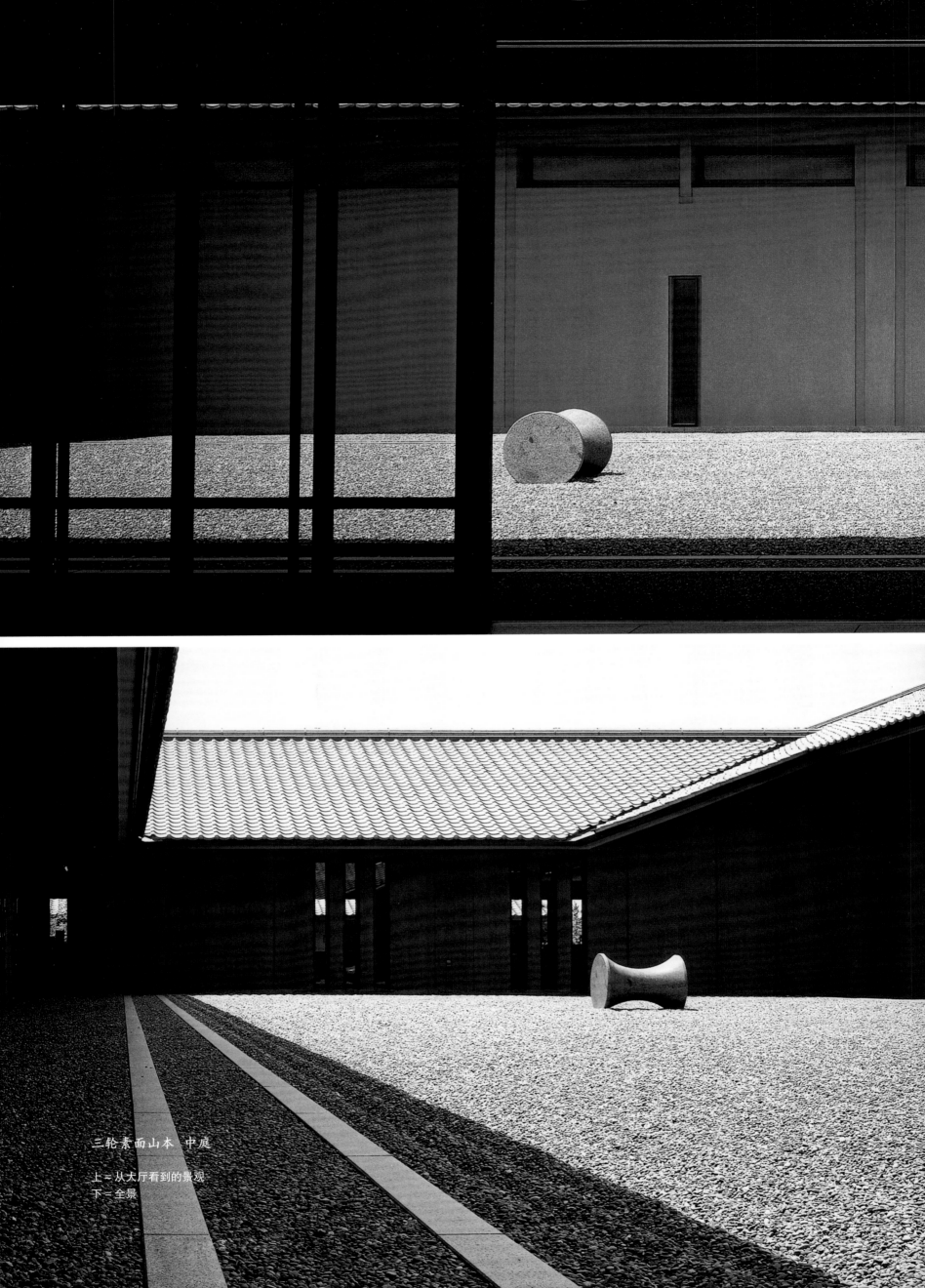

三轮素面山本　中庭

上＝从大厅看到的景观
下＝全景

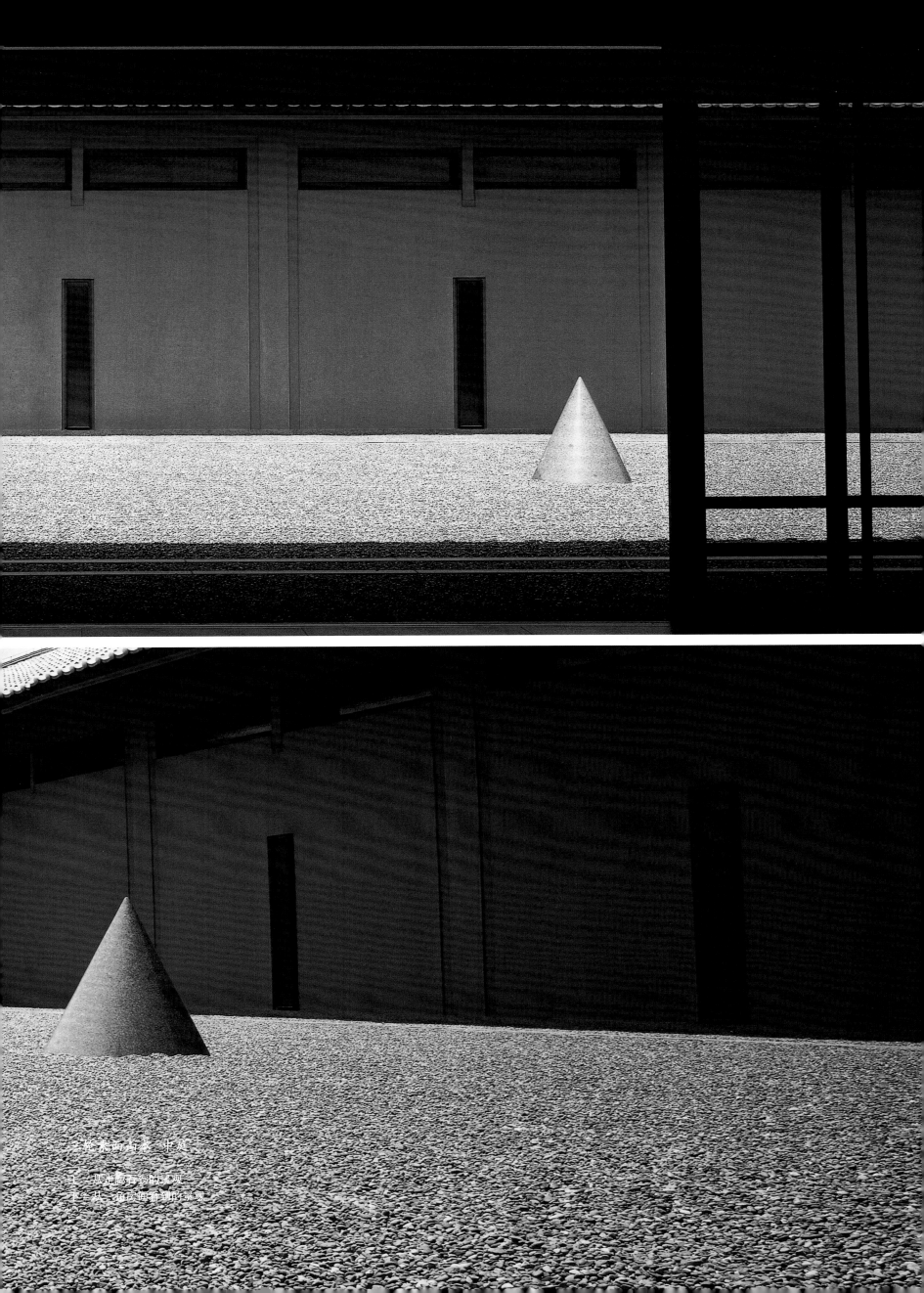

写意东西山水 北庭

上 从走廊看到的景观
下 从一间房间看到的景观

橿原博物馆 中庭

橿原博物馆 中庭

上 = 从大厅看到的景观、回视图、回廊
左 = 俯瞰景观

土门拳纪念馆 从渡廊看到的中庭全景

土门拳纪念馆 中庭

上 = 庭中雕塑
下 = 回视图

右 芹泽铚介美术馆 中庭 喷泉

芹泽𨥉介美术馆　中庭

右 = 俯瞰全景
上 = 从展示室看到的景观
下 = 夜景

前桥市厅舍

中庭景观 地下一层（右）、三层（上）、一层（下）视角

左 = 外观
上 = 从二层内客厅看中庭
下 = 中庭仰视图

上坂邸

左 = 外观
上 = 从二层内客厅看中庭
下 = 中庭仰视图

井户平

右＝中庭
上＝中庭内的露地（茶庭）

修善寺町综合会馆 中庭 从苑路看到的景观

修善寺町综合会馆 庭中石组与喷泉

琉琉琉琉阿房

**琉琉琉琉阿房**

从徐昂胁（右）、二层（上）、玄关大厅（下）看坪庭

夏洛奈总部

上 = 主街道正面
右 = 从屋内俯瞰主街道和一层坪庭南侧

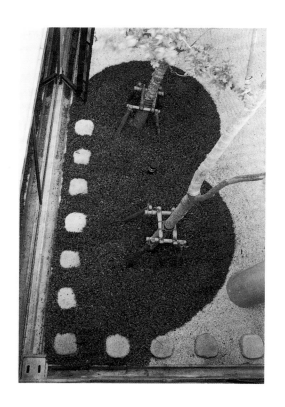

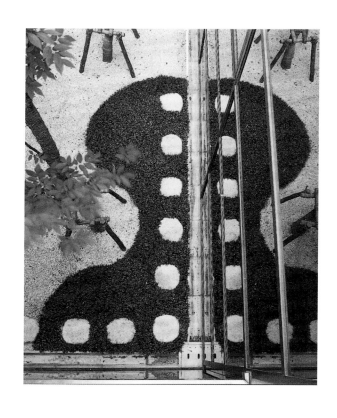

夏洛奈总部 一层坪庭

上 = 从一层大厅看到的南侧景观
右下、左下 = 南侧地面

夏洛奈总部 一层坪庭

上 = 从讲堂看到的北侧景观
下 = 俯瞰主街道北侧

大生相互银行

右 = 从玄关大厅看到的瀑布景观
上、下 = 瀑布景观

谷崎邸宾馆 正面景观

实测图·解说二

日本庭院集成

建筑物使用建造平屋时用的巨大钢筋，屋顶上有瓦片。正中央部分作为中庭。庭院周围被走廊、社长室、食堂等包围。

除了两块由御影葛石制作而成的滴水石，轩内和中庭的其中一面都铺上相同的沙砾。中庭采用造型奇特的简单设计。从走廊（东侧）眺望庭院，两个造型奇特的装饰物被放置在白色沙砾上，与背景墙以及窗户相辅相成，营造出一种幽玄的氛围。以这两个造型奇特的装饰物为主题，诉说着三轮山的传说。

优雅的现代感设计中透露着和风的精髓，可以说是高完成度的现代坪庭。

所有者————三轮素面山本株式会社
所在地————奈良县樱井市箸中
建造年份————1980年
设计·施工————竹中工务店

三轮素面
山本

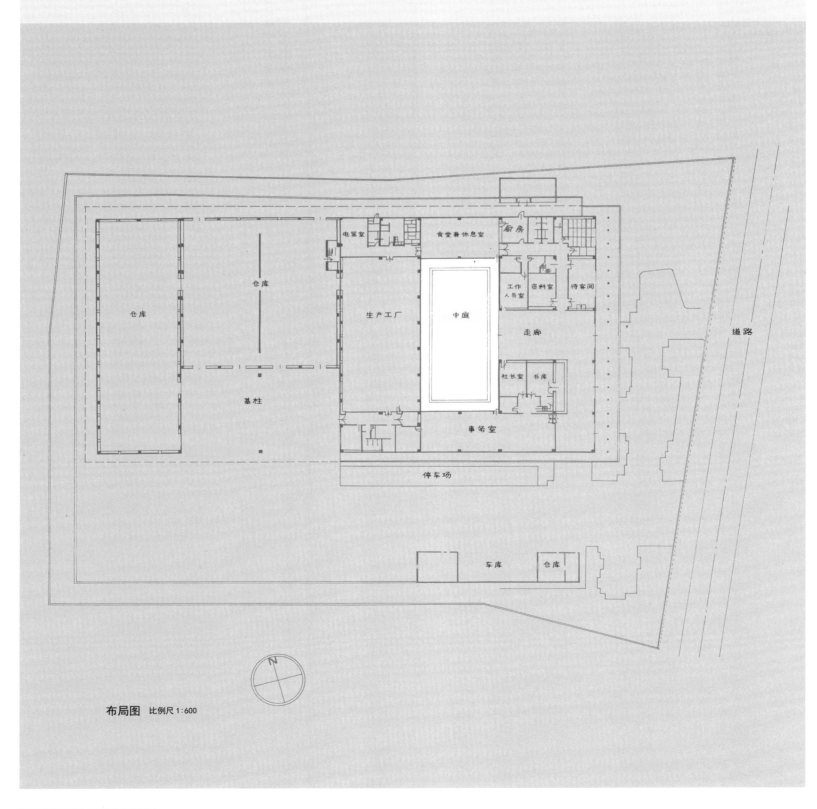

**布局图** 比例尺 1:600

三轮素面山本 坪庭实测图

中庭 造型奇特的装饰物 其一

中庭 造型奇特的装饰物 其二

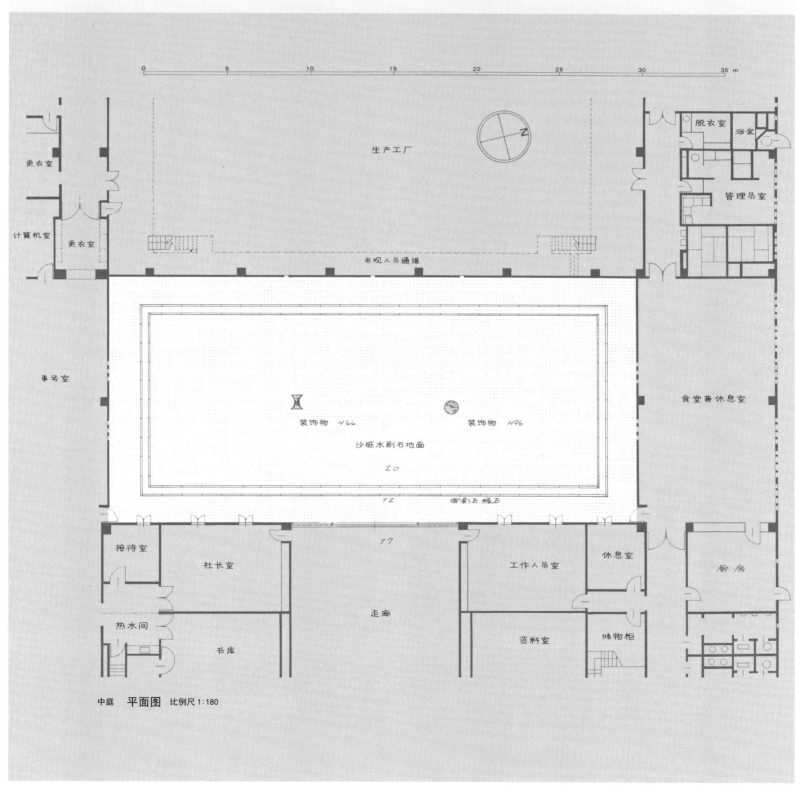

中庭 平面图 比例尺 1:180

**三轮素面山本 坪庭实测图**

所有者——奈良县

所在地——奈良县橿原市亩傍

建造年份——1980年

设计——户尾任宏

ARK VISION 建筑事务所

# 橿原博物馆

该博物馆以从橿原遗迹出土的从绳文时代开始的各种历史遗物为主，根据时代划分来展示日本各地的出土文物，有模型也有图解。

中庭的中央放置有以方形御影石制成的造型奇特的装饰物，庭院中只种植富贵草和橡树。以独特的装饰物为中心，横竖形成沟，水从装饰物中流出，流向植被。

庭院整体给人一种无机物一般纯净的印象，以亩傍山为背景，粗大的山脊线与葱绿色巧妙地搭配在一起，富有历史感。

中庭宛如欧洲的修道院，四周被支撑房檐的柱子包围，以翼廊为意象设计而成。

中庭 造型奇特的装饰物

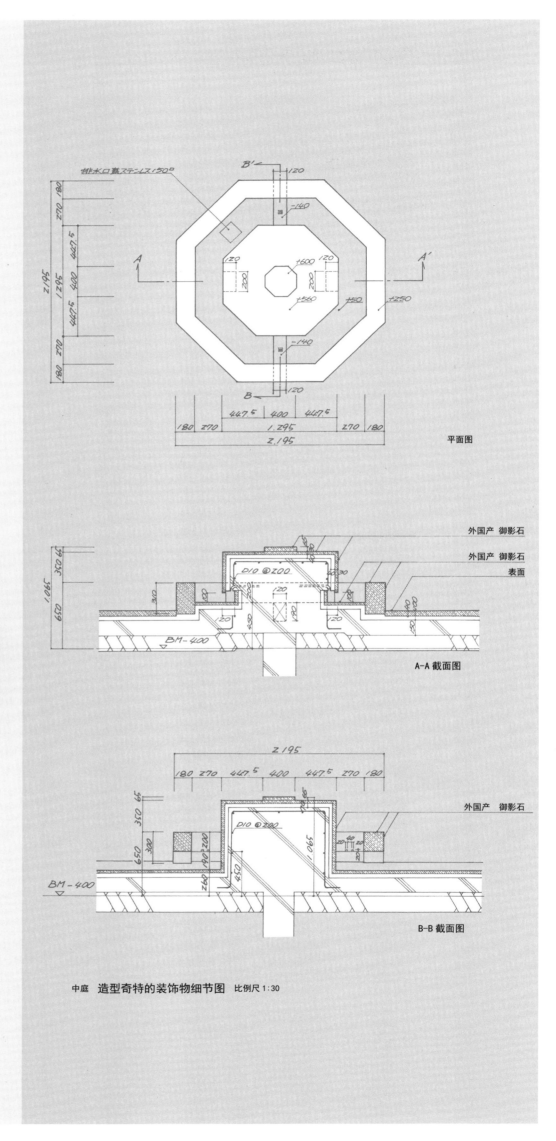

平面图

外国产 御影石
外国产 御影石
表面

A—A 截面图

外国产 御影石

B—B 截面图

中庭 造型奇特的装饰物细节图　比例尺 1:30

橿原博物馆 坪庭实测图

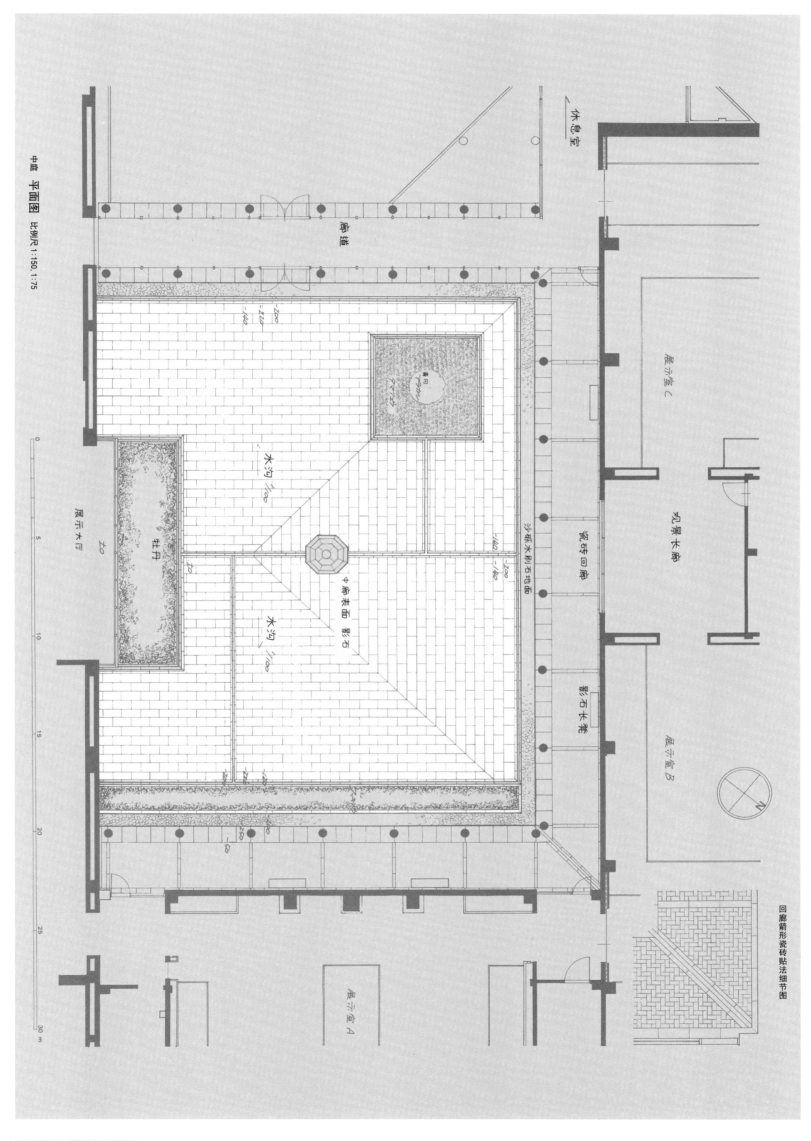

中庭　平面图　比例尺 1:150, 1:75

回廊箭形瓷砖贴法细节图

休息室

廊道

展示室 C

观景长廊

瓷砖回廊

影石长凳

展示室 B

展示木石

牡丹

沙砾水刷石地面

中廊表面　影石

水沟 1/100

水沟 1/100

展示大厅

展示室 A

**橿原博物馆　坪庭实测图**

中庭 从东侧看到的景观

中庭 回廊

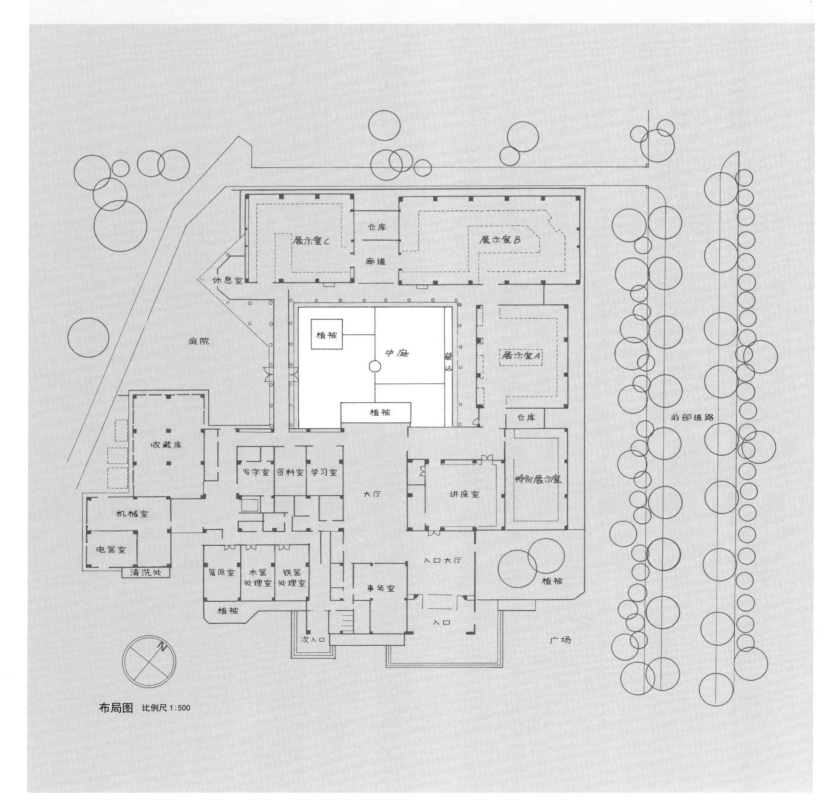

布局图　比例尺 1:500

橿原博物馆　坪庭实测图

中庭 孟宗竹

本馆展示的是摄影师土门拳的作品，是日本初期的个人美术馆，由谷口吉生氏设计。本馆通过将内部的展示场所与外界的大自然之间的空间进行抽象化处理，来同时展示作品以及大自然。

此处介绍的中庭内有一个很大的人造池。从池的对岸眺望本馆时，池子与建筑物的组合更显设计之妙。

高度较低的建筑物与池子同宽，背后是一片葱绿的山林。本庭院是建筑与大自然相协调的完美之作。

所有者———酒田市
所在地———山形县酒田市宫野浦
建造年份———1983年
设计———谷口吉生
施工———间组 中尾工务店共同企业体

# 土门拳纪念馆

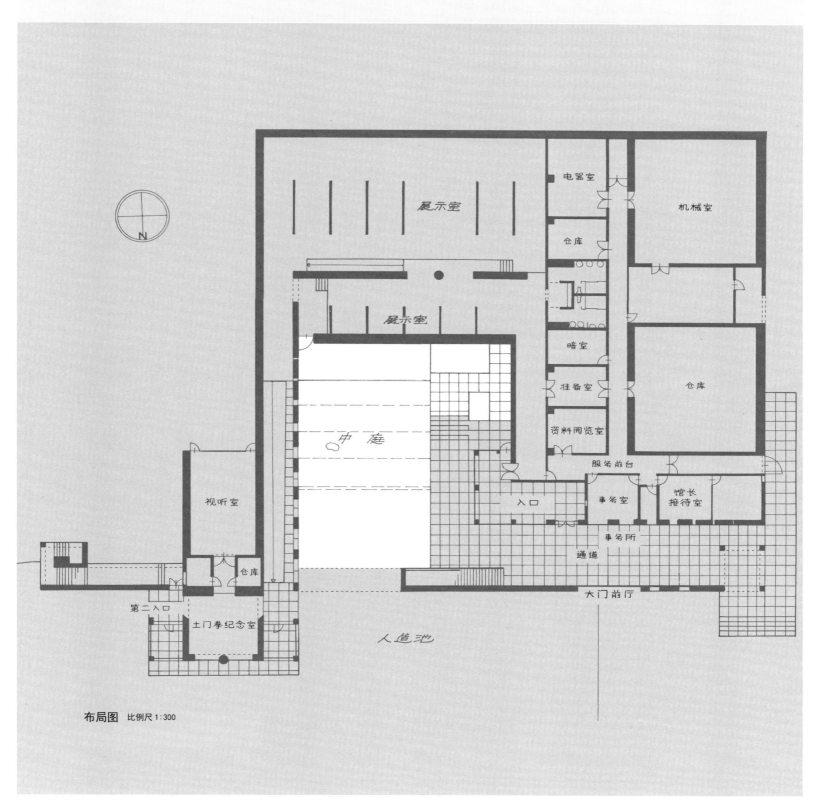

**布局图** 比例尺 1：300

土门拳纪念馆 坪庭实测图

展示室

展示室

电器室

仓库

暗室

准备室

资料阅览室

服务前台

入口

事务室

事务所

通道

馆长接待室

中庭

视听室

仓库

第二入口

土门拳纪念室

人造池

大门前厅

机械室

仓库

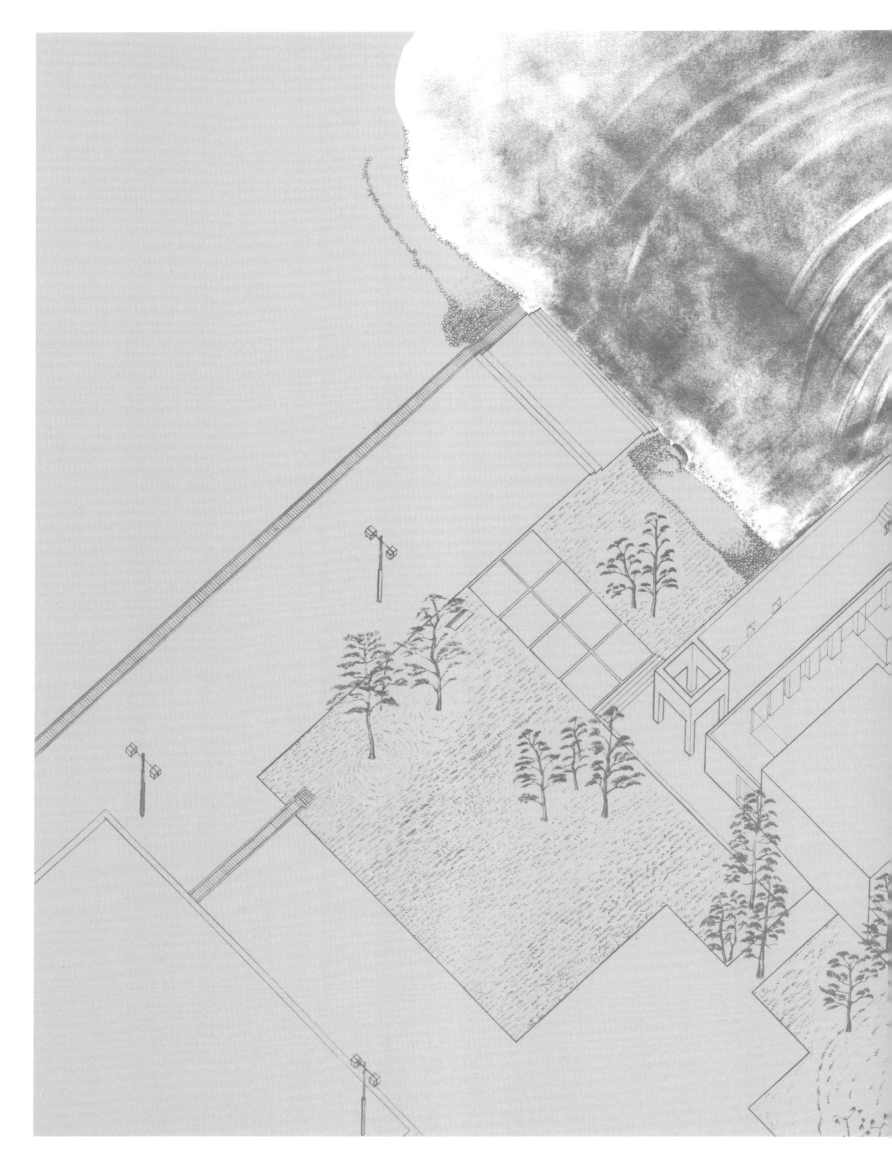

土门拳纪念馆 坪庭实测图

俯视图　比例尺 1:300

土门拳纪念馆 坪庭实测图

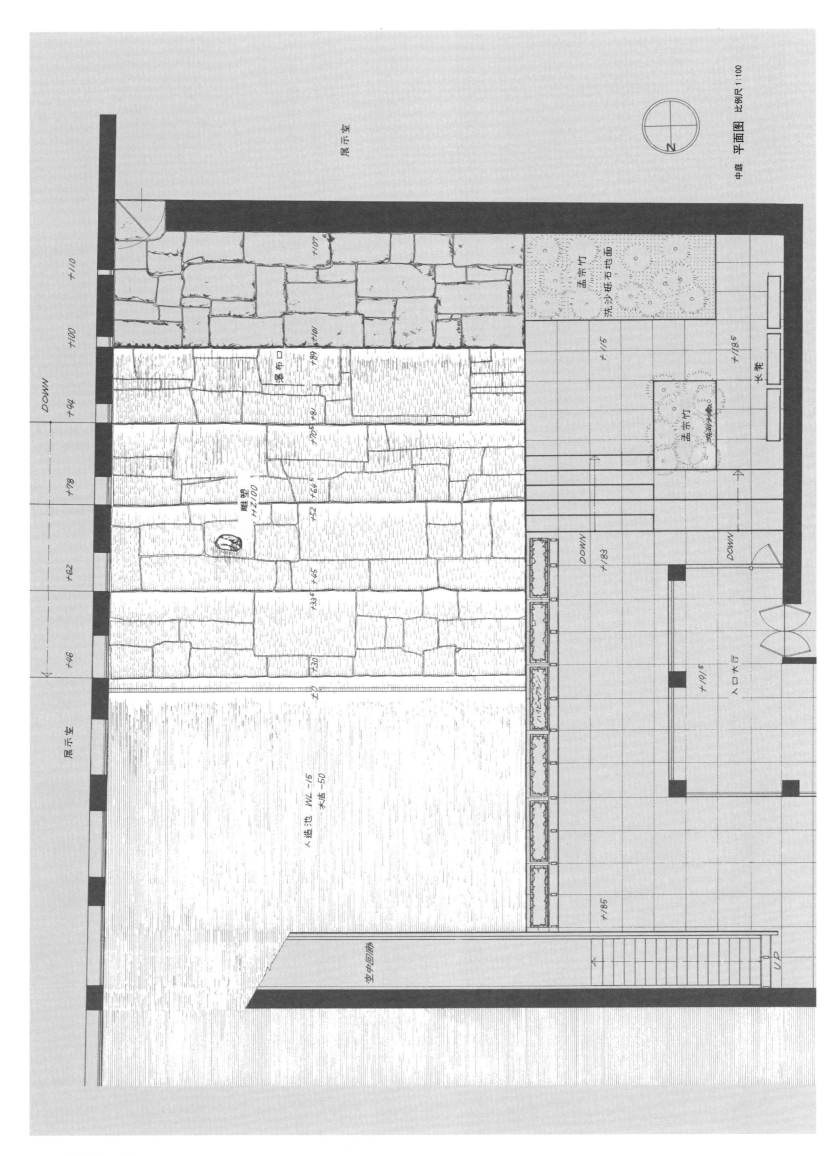

中庭 平面图 比例尺 1:100

土门拳纪念馆 坪庭实测图

116

中庭 夜景

庭院的三面被用红云石建造而成的美术馆展示室包围。本庭院与特别室前的庭院相对，二者呈对称形结构建造，可以说是十分大胆的设计。玄关前种植着山茶花，展示厅前的景色为主景，搭配扇形喷泉，自成一派景观。

从玄关开始种植山茶花，打造成画一般的世界。山茶花绕着中庭的池子，斜看时能够观赏到不同的景色。虽然种植的位置比较随意，但是根部完全防水，同时排水也做得非常好，日常能够轻松地管理。

这可以说是设计者白井晟一十分具有独特个性的庭院作品。

所有者——静冈市
所在地——静冈市登吕
建造年份——1981年
设计——白井晟一

芹泽铚介
美术馆
中庭

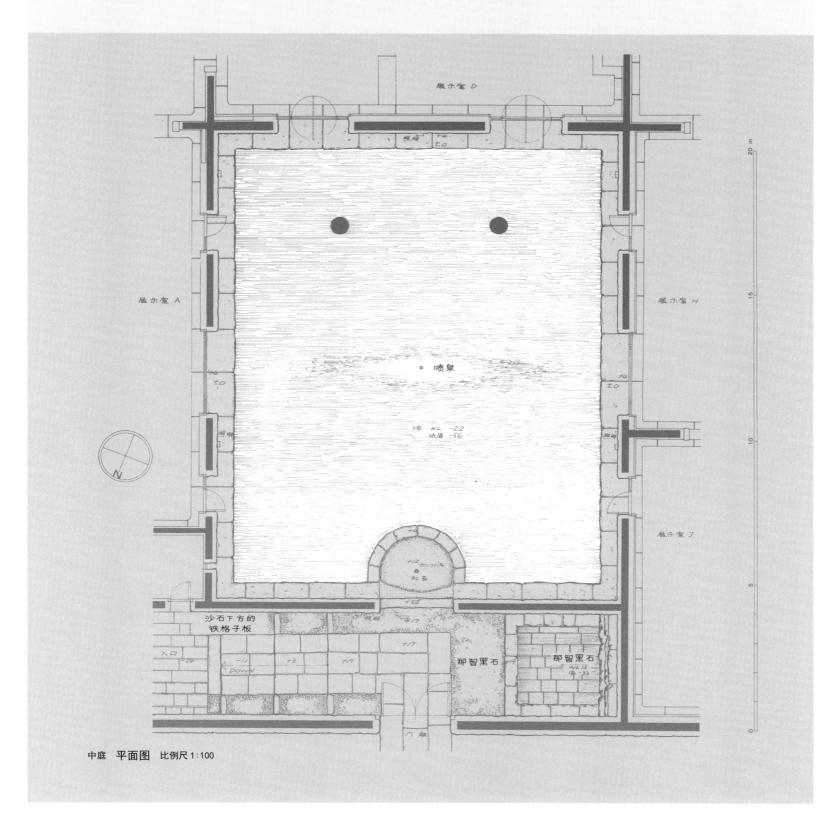

中庭 平面图 比例尺 1:100

芹泽铚介美术馆 坪庭实测图

前桥市
厅舍

所有者————前桥市
所在地————前桥市大手厅
建造年份————1981 年
设计————坂仓建筑研究所
设计————前桥市新厅舍植栽工事建设共同企业体

该庭院是作为市厅舍建筑南侧中央的光庭而建造的。在杜鹃、山茶花、瑞香中夹杂种植着夏椿，到处都摆放着石景，赋予庭院变化感。虽是较为细长的空间，但是一面开放，地面做起伏效果，整体让人感觉更加深邃。

中庭 一层部分

中庭 地下一层部分

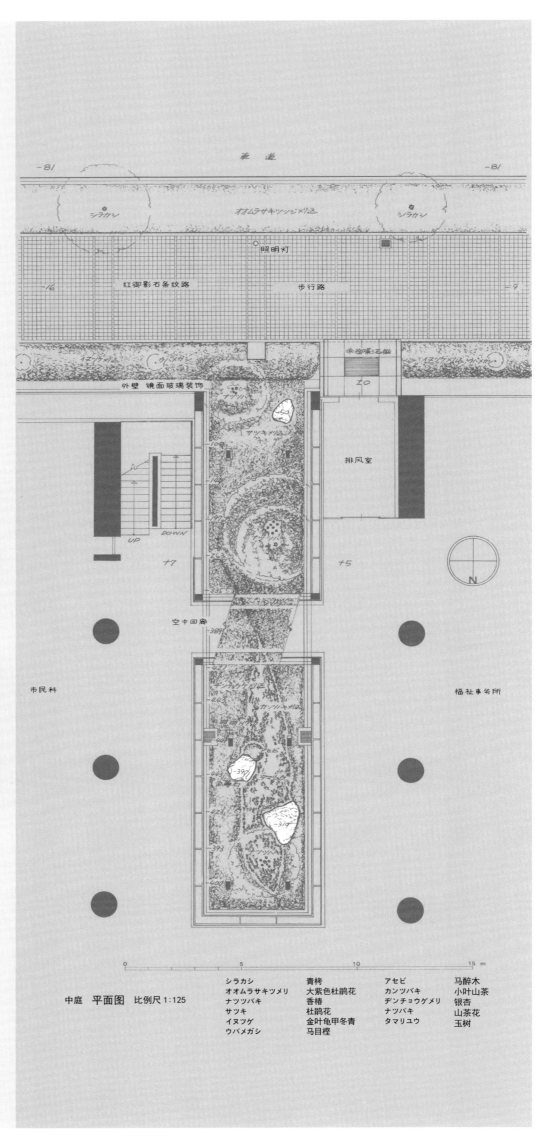

中庭 平面图 比例尺 1:125

| シラカシ | 青栲 | アセビ | 马醉木 |
| オオムラサキツツジメリ | 大紫色杜鹃花 | カンツバキ | 小叶山茶 |
| ナツツバキ | 香椿 | デンチョウゲメリ | 银杏 |
| サツキ | 杜鹃花 | ナツバキ | 山茶花 |
| イヌツゲ | 金叶龟甲冬青 | タマリユウ | 玉树 |
| ウバメガシ | 马目栎 | | |

前桥市厅舍 坪庭实测图

118

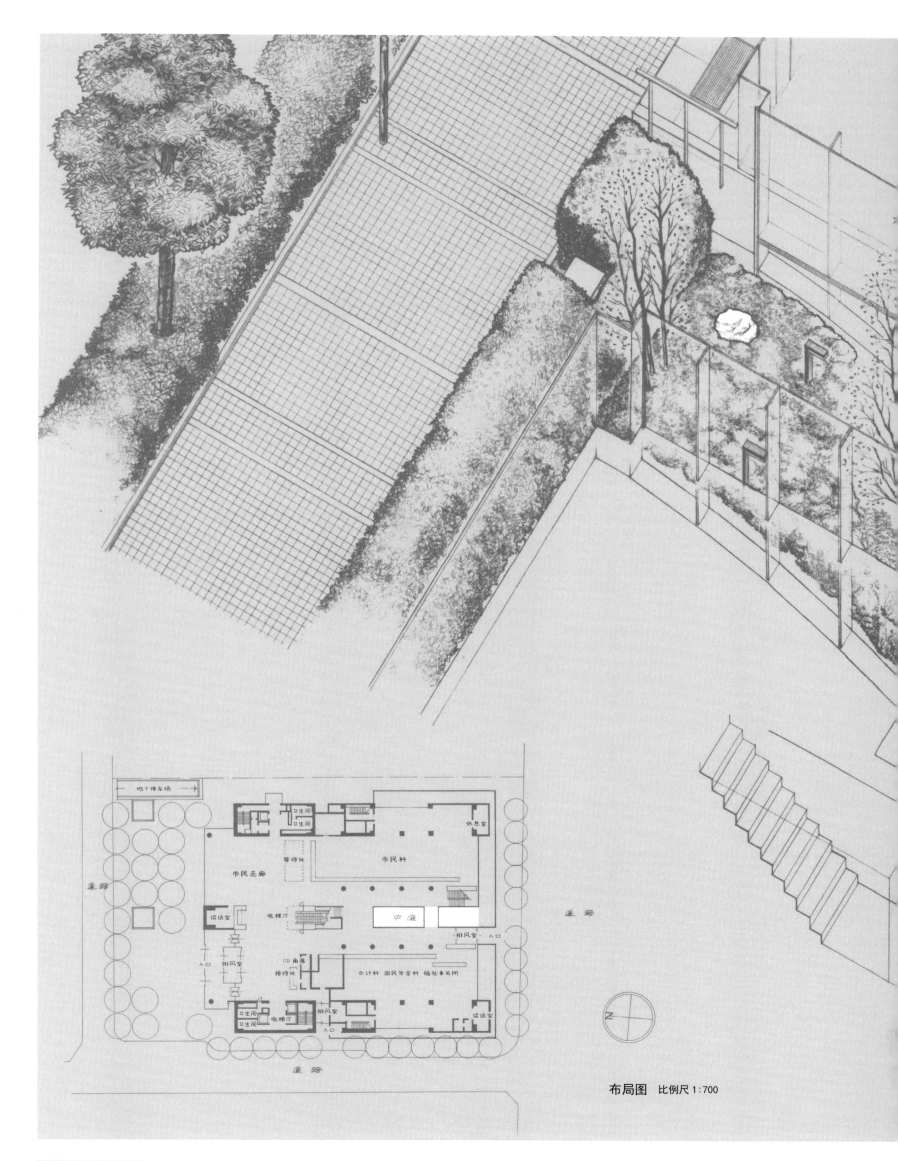

地下停车场

卫生间
卫生间

休息室

等待处

市民科

市民走廊

谈话室

电梯厅

中庭

入口

排风室

排风室

入口

CD角落

招待处

会计科 国民年金科 福祉事务所

卫生间
卫生间

电梯厅

排风室

入口

谈话室

道路

道路

道路

N

布局图　比例尺1:700

**前桥市厅舍　坪庭实测图**

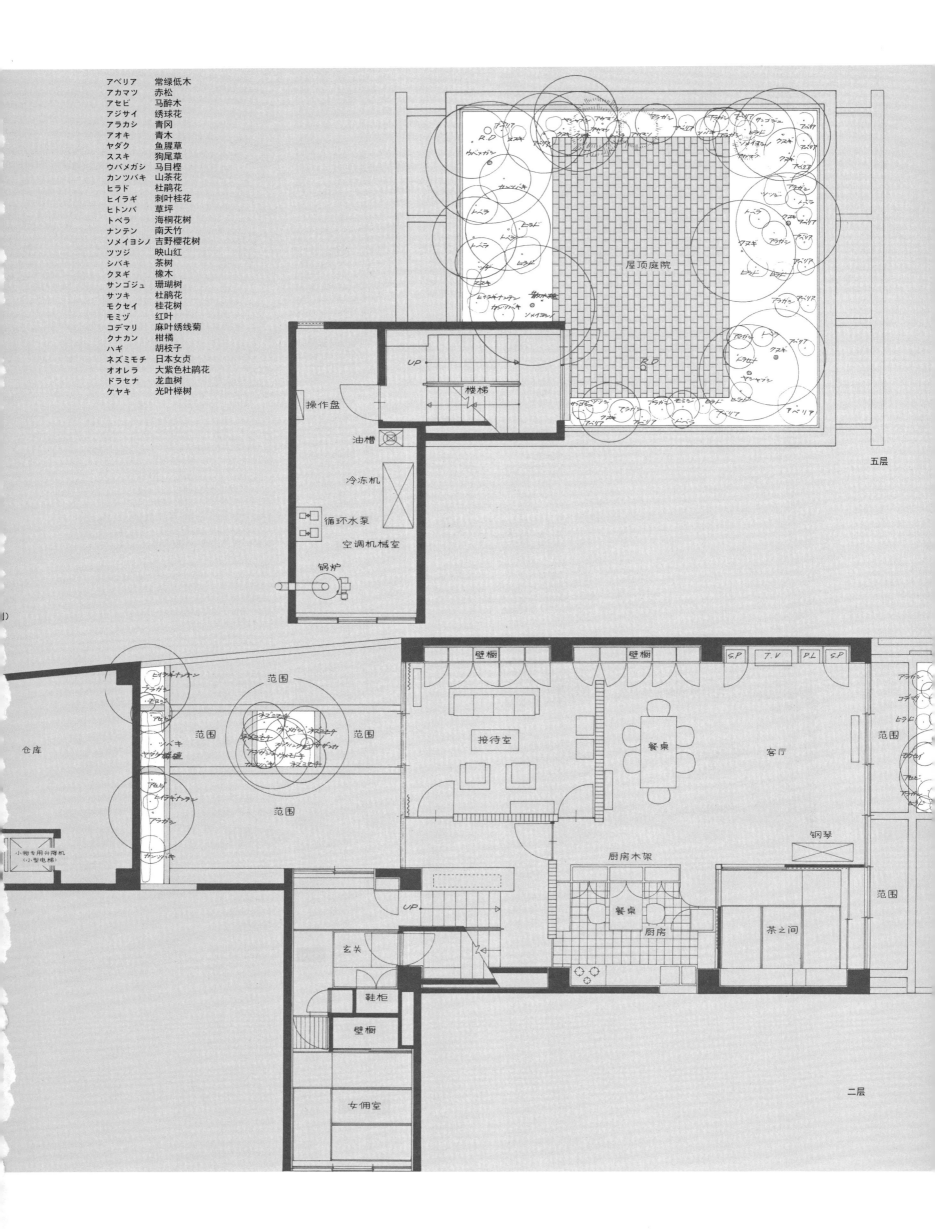

| アベリア | 常绿低木 |
| アカマツ | 赤松 |
| アセビ | 马醉木 |
| アジサイ | 绣球花 |
| アラカシ | 青冈 |
| アオキ | 青木 |
| ヤダク | 鱼腥草 |
| ススキ | 狗尾草 |
| ウバメガシ | 马目樫 |
| カンツバキ | 山茶花 |
| ヒラド | 杜鹃花 |
| ヒイラギ | 刺叶桂花 |
| ヒトンバ | 草坪 |
| トベラ | 海桐花树 |
| ナンテン | 南天竹 |
| ソメイヨシノ | 吉野樱花树 |
| ツツジ | 映山红 |
| シバキ | 茶树 |
| クヌギ | 橡木 |
| サンゴジュ | 珊瑚树 |
| サツキ | 杜鹃花 |
| モクセイ | 桂花树 |
| モミヅ | 红叶 |
| コデマリ | 麻叶绣线菊 |
| クナカン | 柑橘 |
| ハギ | 胡枝子 |
| ネズミモチ | 日本女贞 |
| オオレラ | 大紫色杜鹃花 |
| ドラセナ | 龙血树 |
| ケヤキ | 光叶榉树 |

屋顶庭院

R.O

五层

操作盘

油槽

冷冻机

循环水泵

空调机械室

锅炉

楼梯

UP

倉库

小物专用升降机
（小型电梯）

范围

范围

范围

范围

范围

范围

范围

壁橱

壁橱

S.P T.V P.L S.P

接待室

餐桌

客厅

钢琴

厨房木架

餐桌

厨房

茶之间

玄关

鞋柜

壁橱

女佣室

UP

二层

# 上坂邸

所有者 —— 上坂正治
所在地 —— 大阪市天王寺区
建造年份 —— 1968年
设计 —— 坂仓建筑研究所
施工 —— 大鹿前田组

　　本邸位于大阪的繁华街、作为市中心内被绿茵笼罩的大楼而备受该界的瞩目。以巴比伦的空中花园为意象，在五层楼的建筑内设有露台，并在露台上种植灌木。

　　特别值得注意的是架在居住楼和仓库之间的天花板上的部分这一设计，在此处放置了设备箱。从二层的接待室开始眺望，满眼尽是橡树、金森女贞、山茶花等植被。与仓库一侧的植被一起让人忘却城市的喧嚣，演绎出一丝丝清凉感。

　　全部的植被都是设计者精心设计过的，不论从哪个房间都能够观赏到绿色，仿佛在森林中享受着森林浴一般。

　　如今城市环境问题日益加重，可以说此作品给建筑界和造园界带来了巨大影响。

房屋外观

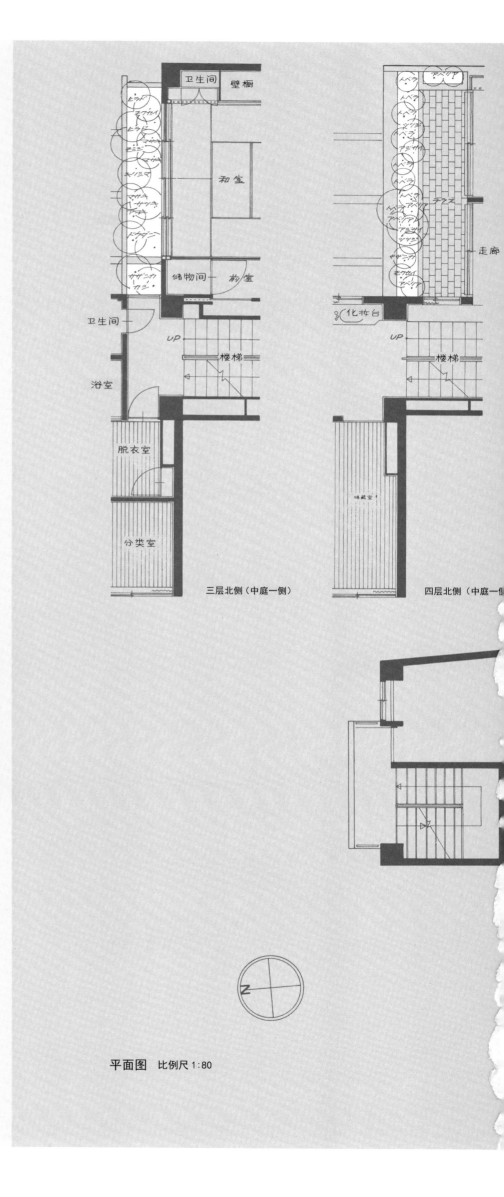

三层北侧（中庭一侧）　　四层北侧（中庭一侧）

平面图　比例尺 1:80

上坂邸 坪庭实测图

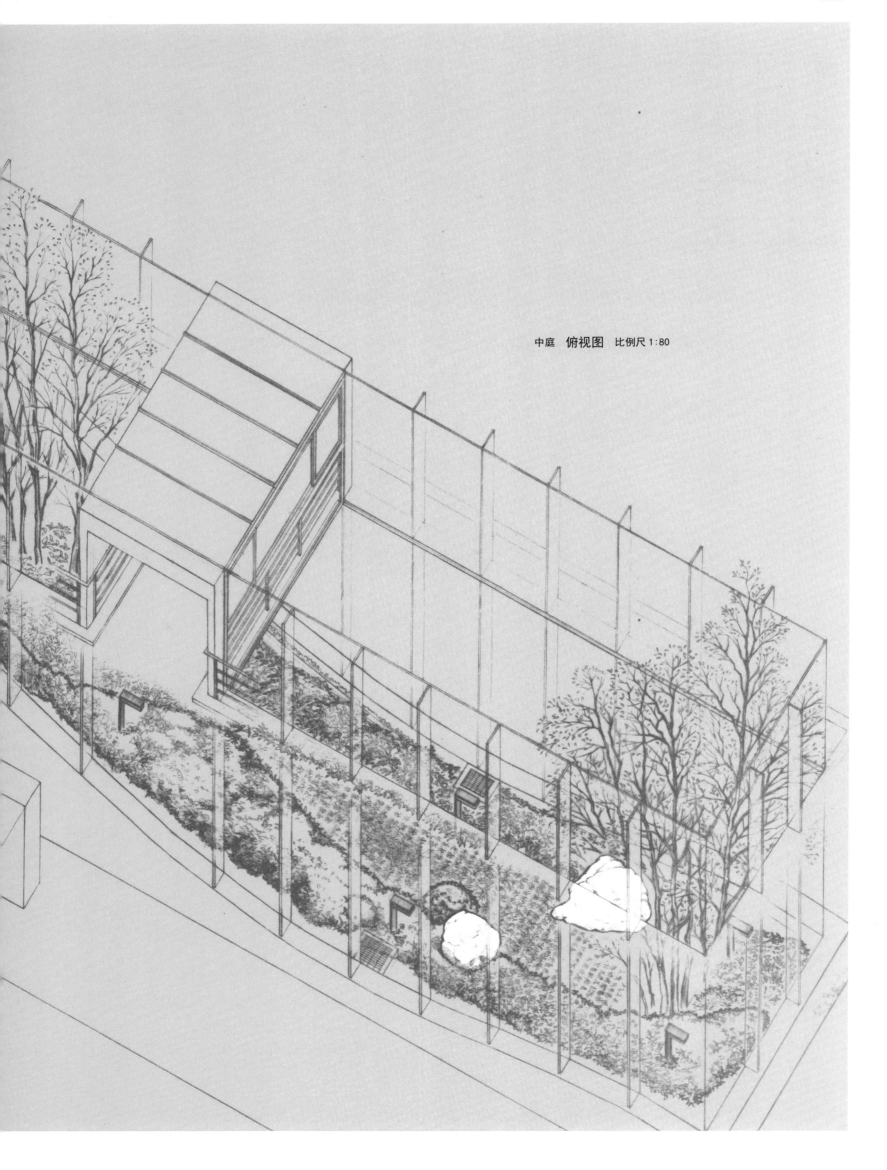

中庭　俯视图　比例尺 1:80

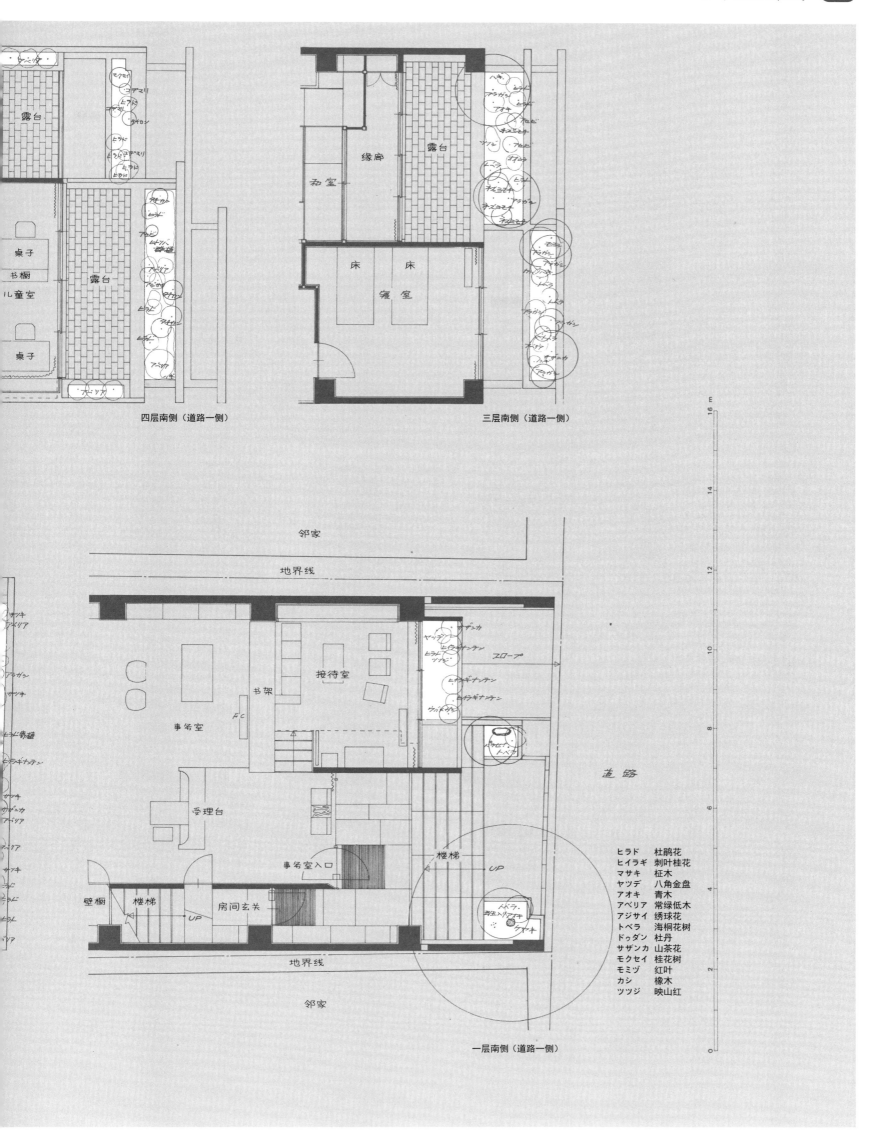

四层南侧（道路一侧）　　　三层南侧（道路一侧）

邻家

地界线

接待室

书架

事务室

受理台

事务室入口

楼梯

UP

壁橱　楼梯　房间玄关

UP

地界线

邻家

道路

| ヒラド | 杜鹃花 |
|---|---|
| ヒイラギ | 刺叶桂花 |
| マサキ | 柾木 |
| ヤツデ | 八角金盘 |
| アオキ | 青木 |
| アベリア | 常绿低木 |
| アジサイ | 绣球花 |
| トベラ | 海桐花树 |
| ドゥダン | 杜丹 |
| サザンカ | 山茶花 |
| モクセイ | 桂花树 |
| モミジ | 红叶 |
| カシ | 橡木 |
| ツツジ | 映山红 |

一层南侧（道路一侧）

**上坂邸 坪庭实测图**

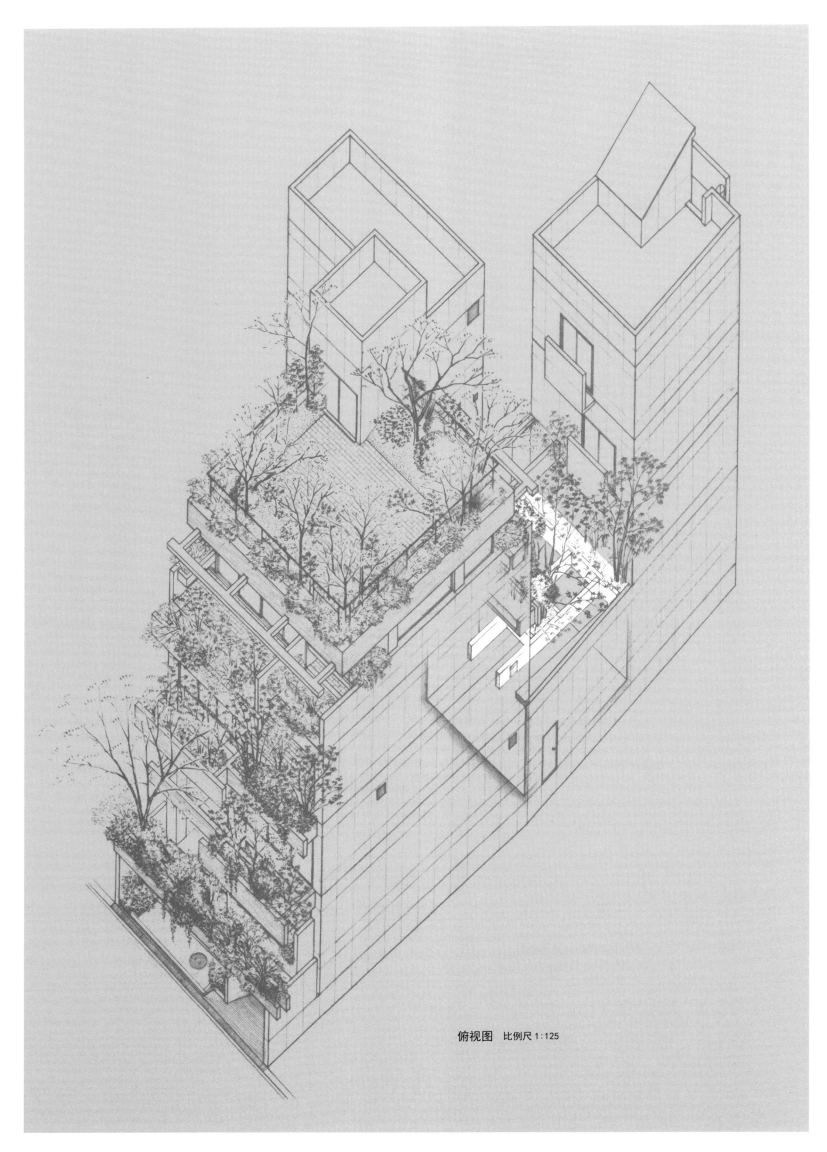

俯视图　比例尺 1:125

上坂邸 坪庭实测图

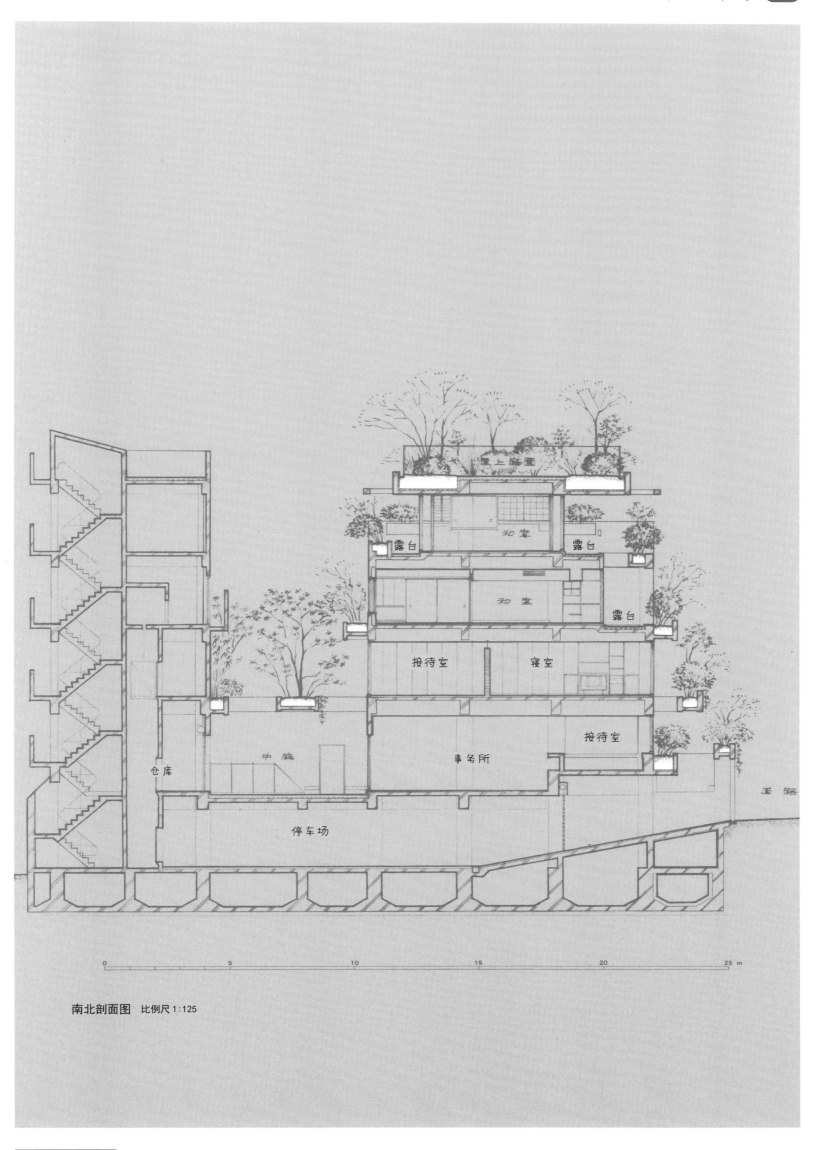

屋上庭面

和室

露台　　　露台

和室

露台

接待室　　　寝室

接待室

仓库　　　中庭　　　　　　　　事务所

庭落

停车场

0　　　　　5　　　　　10　　　　　15　　　　　20　　　　25 m

南北剖面图　比例尺 1:125

井户平是位于大阪曾根崎的日本料理店，独占十一层建筑的最高层。在这家店内正中央的位置铺有白玉沙砾，放置着陶艺家加藤清之的作品，同时也设有喝酒休息的空间。

服务台和包间包围着中间的庭院，现代风屏障和墙壁起到了隐藏的效果，同时赋予庭院立体感。

天花板安装有吸顶灯，光线柔和，让独特的艺术品与白玉沙砾之间的空间演绎出柔和感，这作为室内中庭灯光照明来说是一个很好的参考例子。

采用专门的内装施工充分展示出坪庭空间的乐趣。

中庭 陶制雕塑

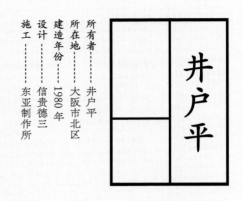

所有者——井户平
所在地——大阪市北区
建造年份——1980 年
设　计——信贵德三
施　工——东亚制作所

井户平

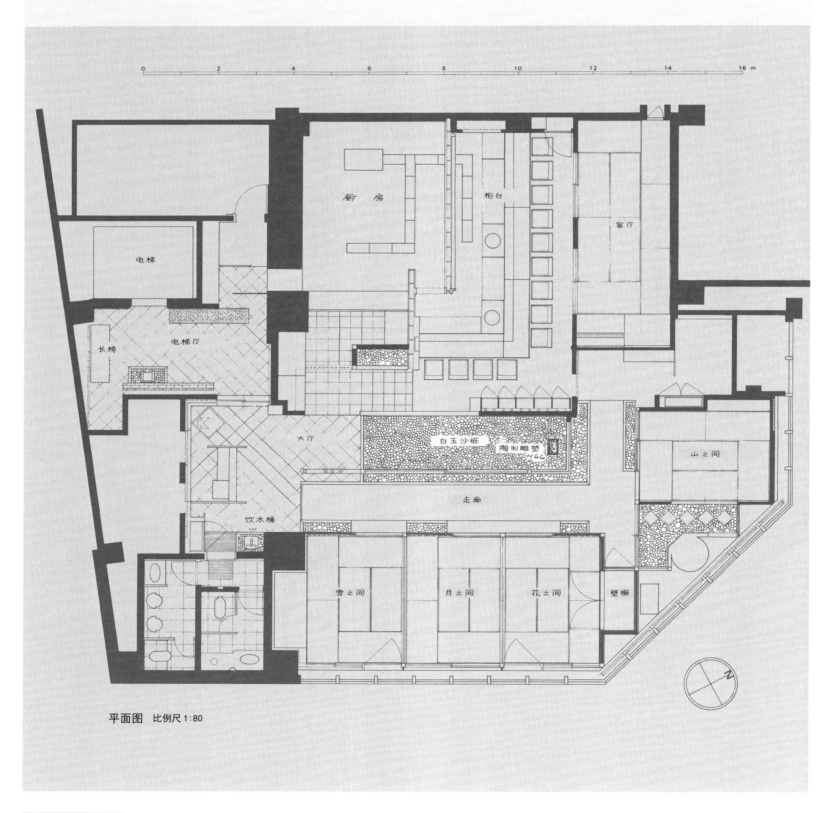

平面图　比例尺 1:80

**井户平 坪庭实测图**

中庭 东部地面

该庭院出自铃木昌道之手，被命名为"天地创造"。地下一层的综合会馆由大厅、会议室和资料馆等组成。

该庭院在贴有方形铁平石处摆放着顶部被磨平的根府川石，在凹陷处设有十八个排水口，曲线形喷水蓄势向上喷发的模样让人感到活力。种有许多枫树能让人联想到秋天红叶满庭的景象。石景的色彩搭配与水形成对比，点缀着中庭内的空间。通过观赏植被能够让人们感受到季节感。

运用传统的石头组合手法来打造出现代感，反映出了温泉町修善寺的历史与现在，让人感受到设计者敏锐的时代意识。

所有者——修善寺町
所在地——静冈县田方郡修善寺町
建造年份——1981 年
设计——铃木昌道

## 修善寺町
## 综合会馆

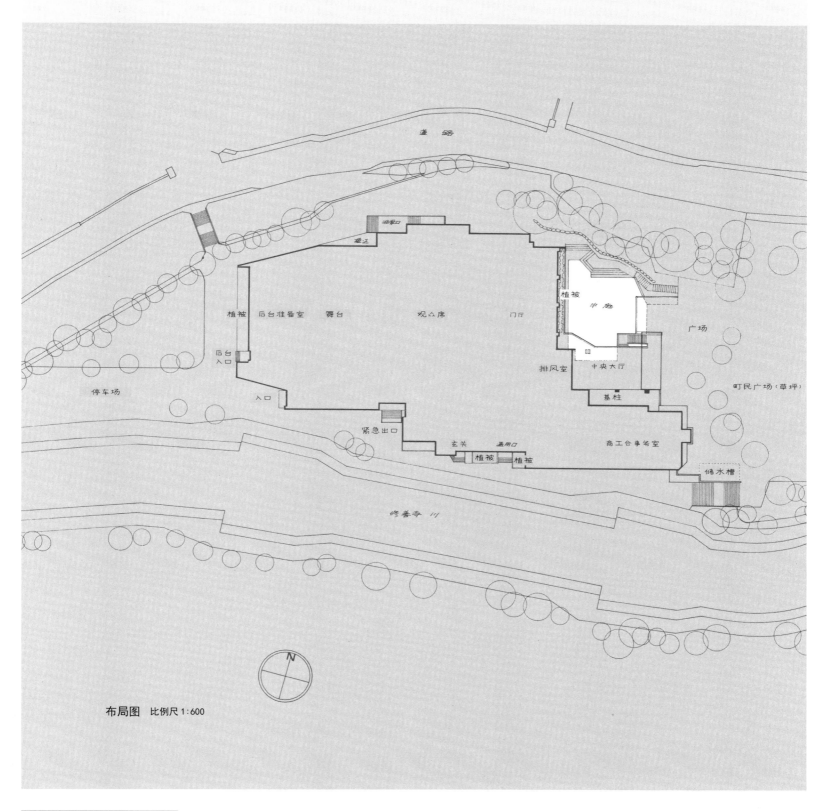

布局图　比例尺 1:600

**修善寺町综合会馆 坪庭实测图**

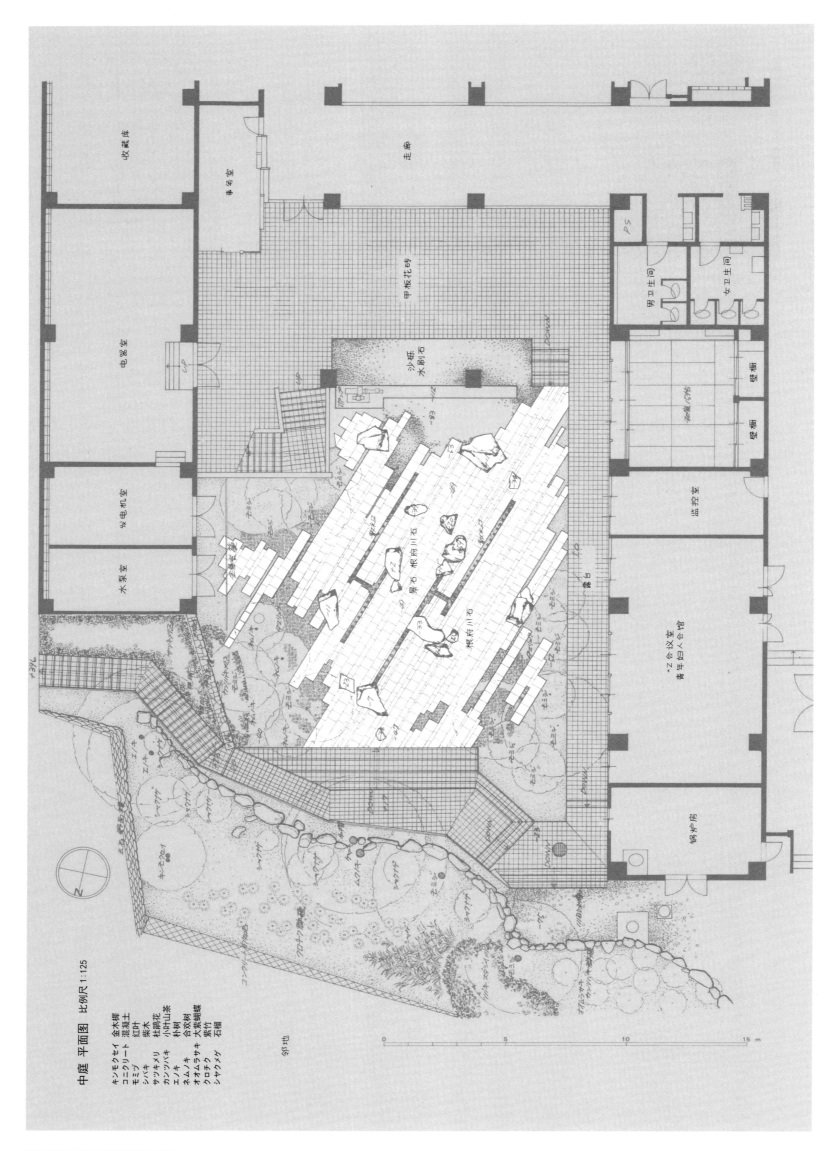

中庭 平面图 比例尺 1:125

キンモクセイ 金木樨
コニクリート 混凝土
モミジ 红叶
シバ 柴木
サツキ 杜鹃花
カンツバキ 小叶山茶
エノキ 朴树
ネムノキ 合欢树
オオムラサキ 大紫蝴蝶
クロチク 紫竹
シャクナゲ 石榴

邻地

收藏库
事务室
走廊

甲板花砖

电器室

发电机室

水泵室

沙砾
水刷石

景石 根府川石

根府川石

露台

男卫生间
女卫生间

监控室

会议室
青年妇人会馆

锅炉房

壁橱
壁橱

0    5    10    15 m

修善寺町综合会馆 坪庭实测图

入口景观

琉琉琉琉阿房是位于港区青山的陶艺家中村锦平的陶艺房。进入玄关后，在铺有御影石的大厅内陈列着陶艺作品。柔光射入单一色调的庭院的玄关，内部仅由细密的沙砾和孟宗竹构成，与此相对的一侧是陶艺房，横生一股让人感到平静的氛围。

来到二层，富有变化感的竹叶让人感受到清凉感，是与内客厅、食堂十分相符的一层。回廊风格的窗户上镶有玻璃和屏障，拉下屏障从内客厅可以眺望到繁茂的竹叶，十分壮美。

庭院的形状是十二边形的一半，这样的设计使庭院内部让人感觉比实际更为宽阔。

所有者——中村锦平
所在地——东京都港区
建造年份——1979年
设计——齐藤裕建筑事业所
施工——津村建筑工业

阿房 琉琉琉琉

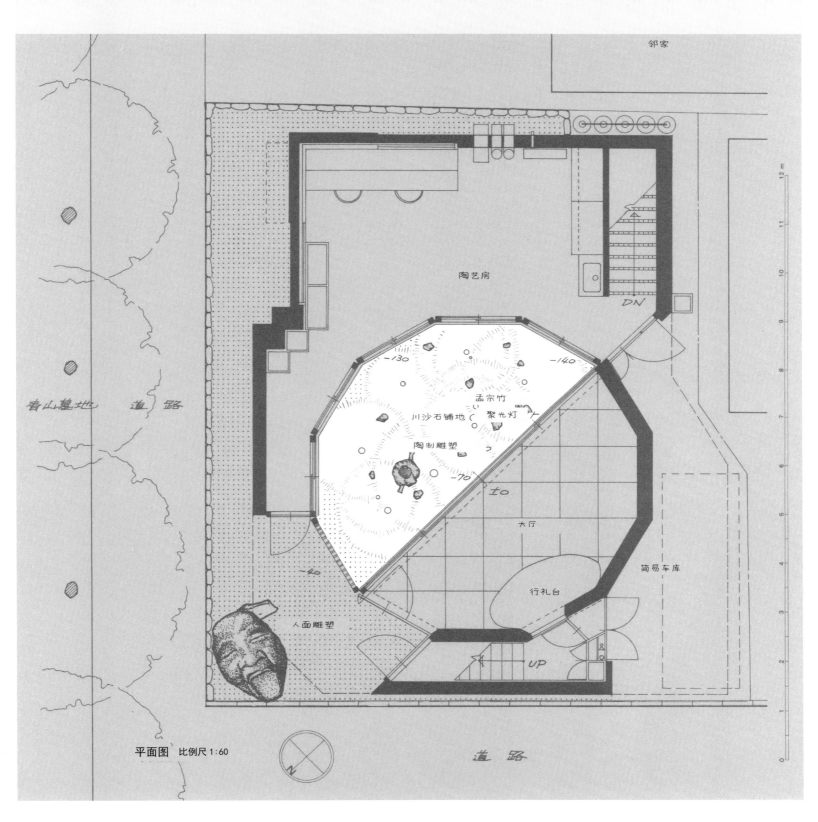

平面图　比例尺 1:60

琉琉琉琉阿房 坪庭实测图

陶艺品　　　　　从二层看坪庭

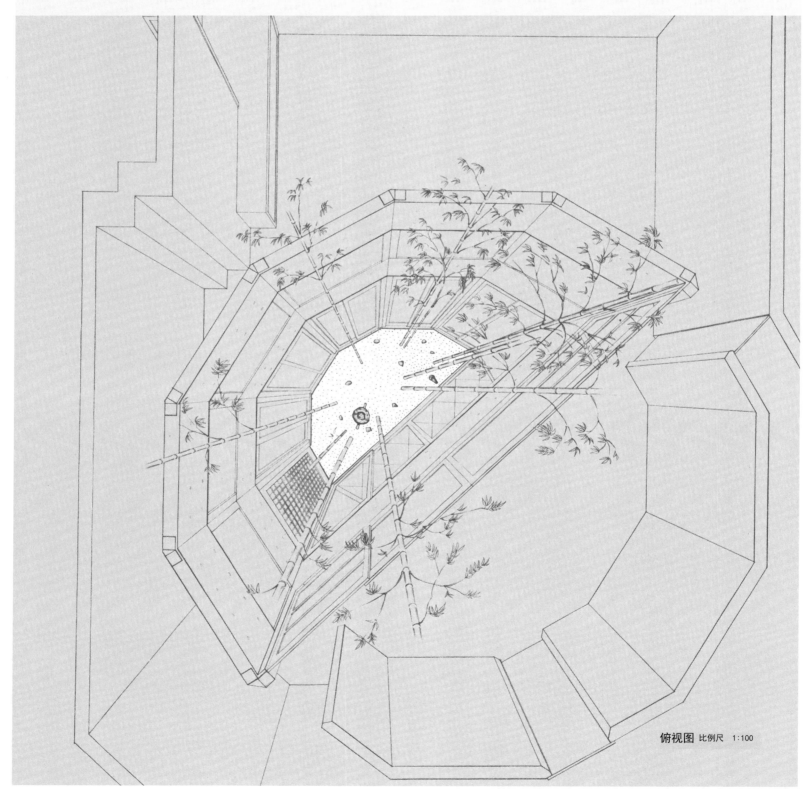

俯视图 比例尺　1:100

琉琉琉琉阿房　坪庭实测图

俯视图　比例尺　1:150

夏洛奈总部 坪庭实测图

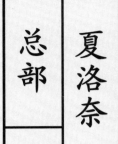

夏洛奈
总部

所有者————夏洛奈株式会社
所在地————神户市中央区
建造年份———1983年
设计—————美建设计事务所
施工—————山中三方园

本节介绍的是与医王庵同样、由石井修设计的庭院。石井是建筑家，根据他的想法设计而成的庭院，植被的管理系统也十分完善，作为建筑物内的庭院一直保持着建造完成时的模样。

该庭院位于两座建筑物之间的地下室。从正面看，通往玄关的桥（主道）的两侧种植着植被，与地上的植被种植的深度不同。穿过桥时可以看到植物的影子映在白沙砾上。在地下室中树干并不作为景的中心，而是渲染出平静祥和的气氛。屋顶种植着蔓草，用于遮盖左侧的建筑。绿茵笼罩的建筑物与庭院交相辉映，这便是这个庭院的过人之处。

地下室坪庭 从南侧眺望北侧

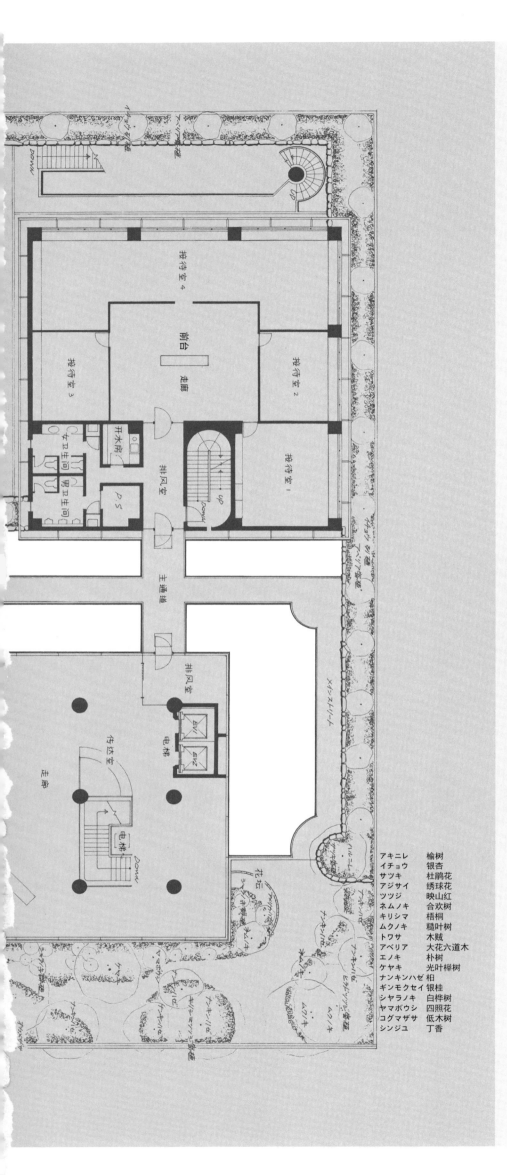

アキニレ 榆树
イチョウ 银杏
サツキ 杜鹃花
アジサイ 绣球花
ツツジ 映山红
ネムノキ 合欢树
キリシマ 梧桐
ムクノキ 糙叶树
トクサ 木贼
アベリア 大花六道木
エノキ 朴树
ケヤキ 光叶榉树
ナンキンハゼ 桕
ギンモクセイ 银桂
シャラノキ 白桦树
ヤマボウシ 四照花
コグマザサ 低木树
シンジュ 丁香

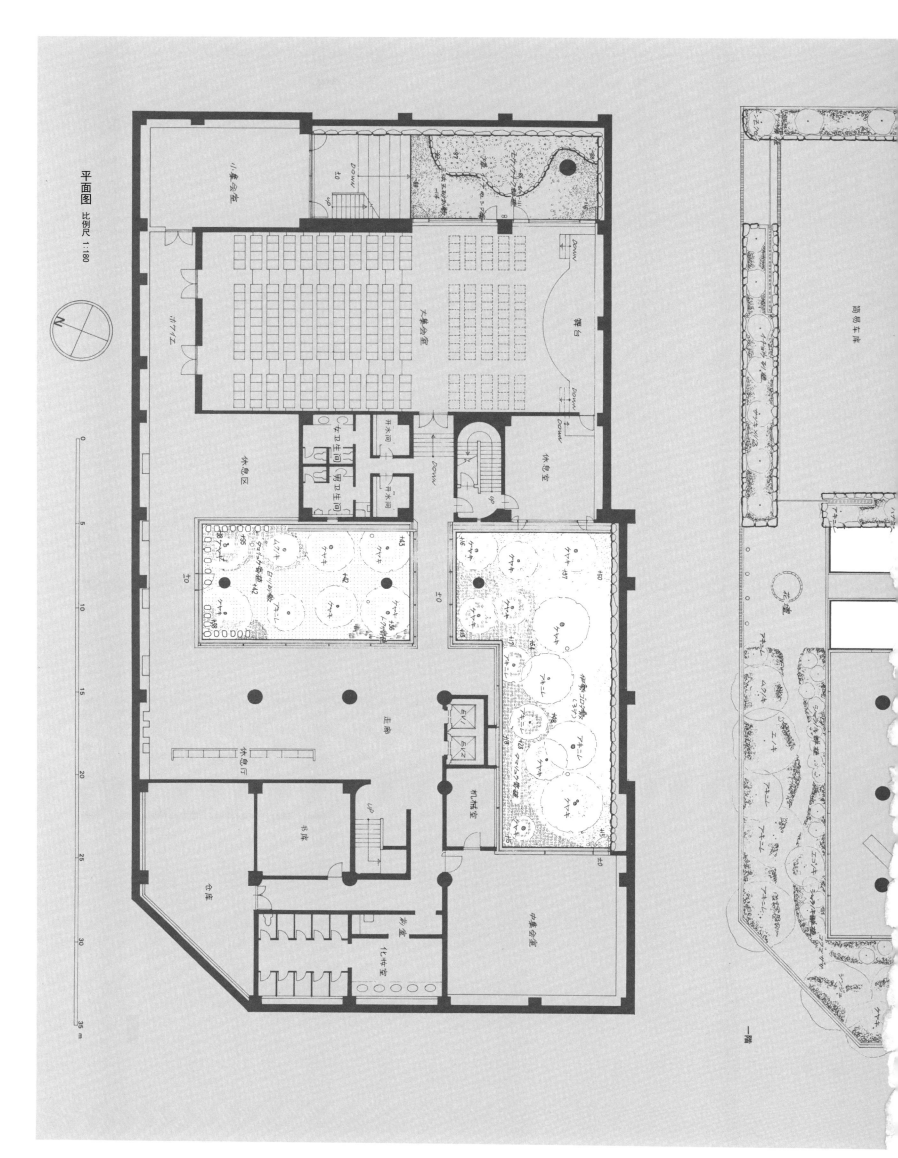

平面图 比例尺 1:180

小型会室

大集会室

舞台

休息室

休息区

女卫生间

男卫生间

井木间

走廊

休息厅

书库

仓库

机械室

物室

化拌室

中集会室

简易车库

0 5 10 15 20 25 30 35 m

夏洛奈总部 坪庭实测图

一階

134

**动态景观**

该庭院位于大生相互银行总店地下一层玄关入口正面的位置，是一个很好的将日本庭院内的传统景观活用于现代的例子。

庭院由会田雄亮设计，整体设计极具造型美。从三处瀑布口流出的水在中央处汇聚，两侧也有水流，让人联想到水墨画世界。

水从两侧蓄势流出，刚开始如同溪流，到中段成了潺潺流水。在这样狭小的空间里赋予水各种各样的形态，展现出更为自然的感觉。从一层观赏到的景色十分震撼，其中蕴含着无限的趣味。

所有者———大生相互银行株式会社
所在地———前桥市本町
建造年份———1979年
设计———会田雄亮
施工———鹿岛·竹中·熊谷协同企业体

大生相互
银行

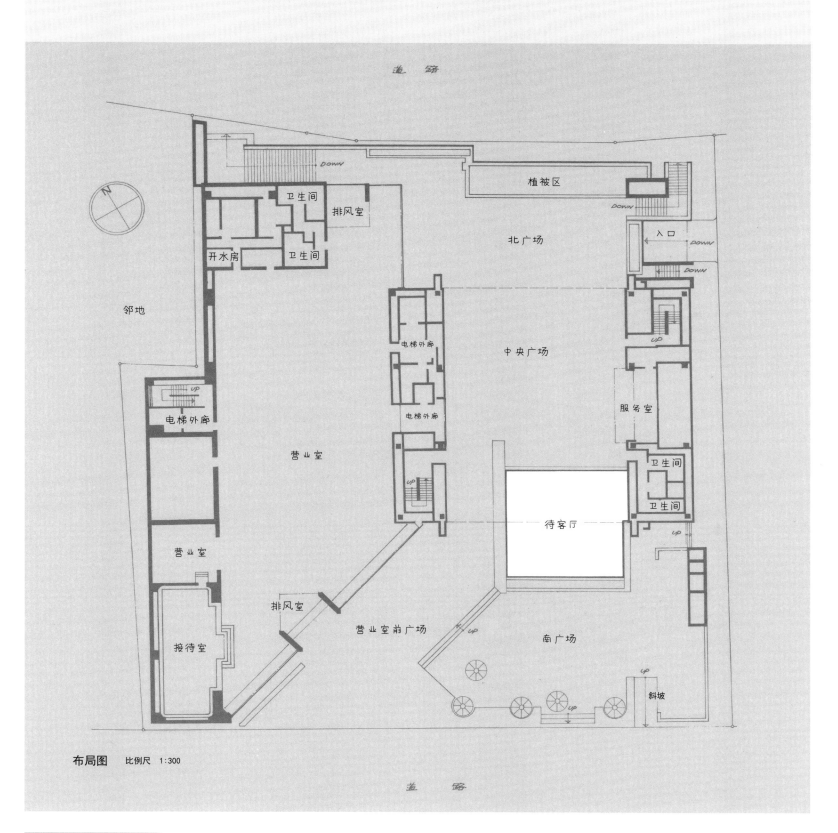

植被区

北广场

入口

电梯外廊

中央广场

电梯外廊

服务室

卫生间

卫生间

营业室

待客厅

电梯外廊

营业室

排风室

排风室

营业室前广场

接待室

南广场

斜坡

卫生间

排风室

卫生间

开水房

卫生间

邻地

N

**布局图**　比例尺 1:300

**大生相互银行　坪庭实测图**

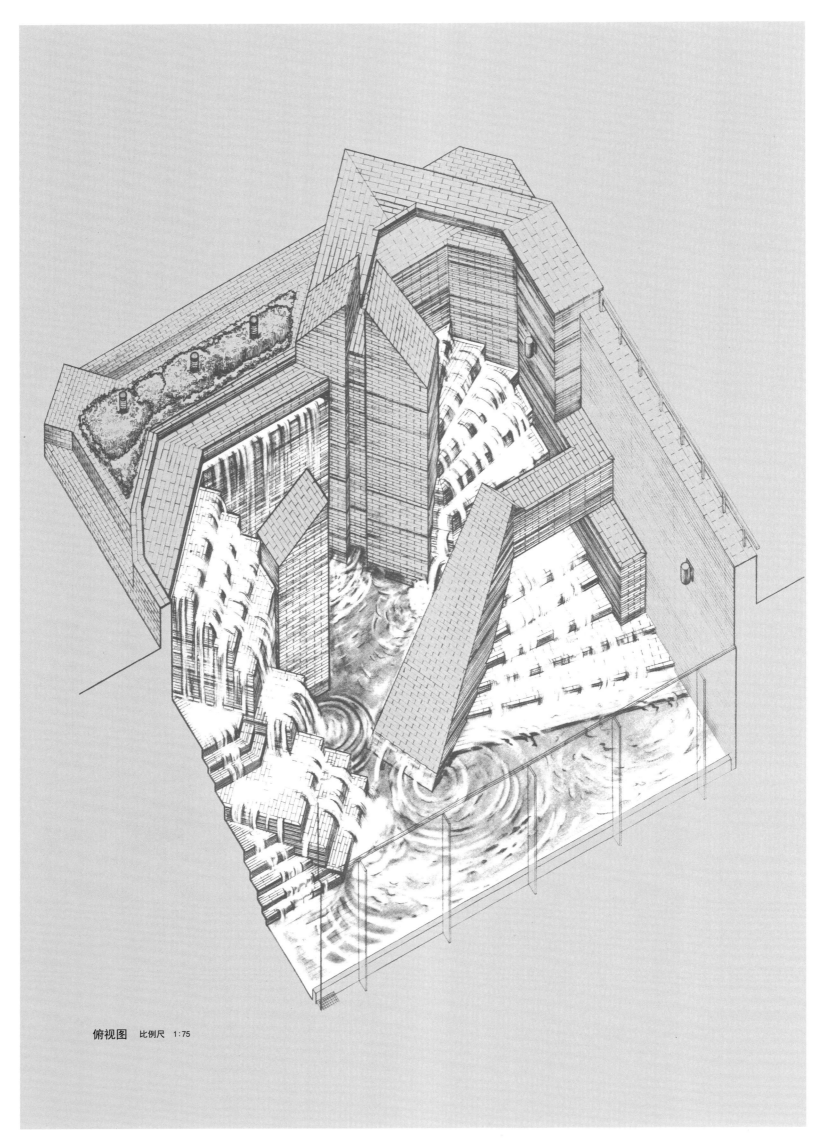

俯视图　比例尺　1：75

大生相互银行　坪庭实测图

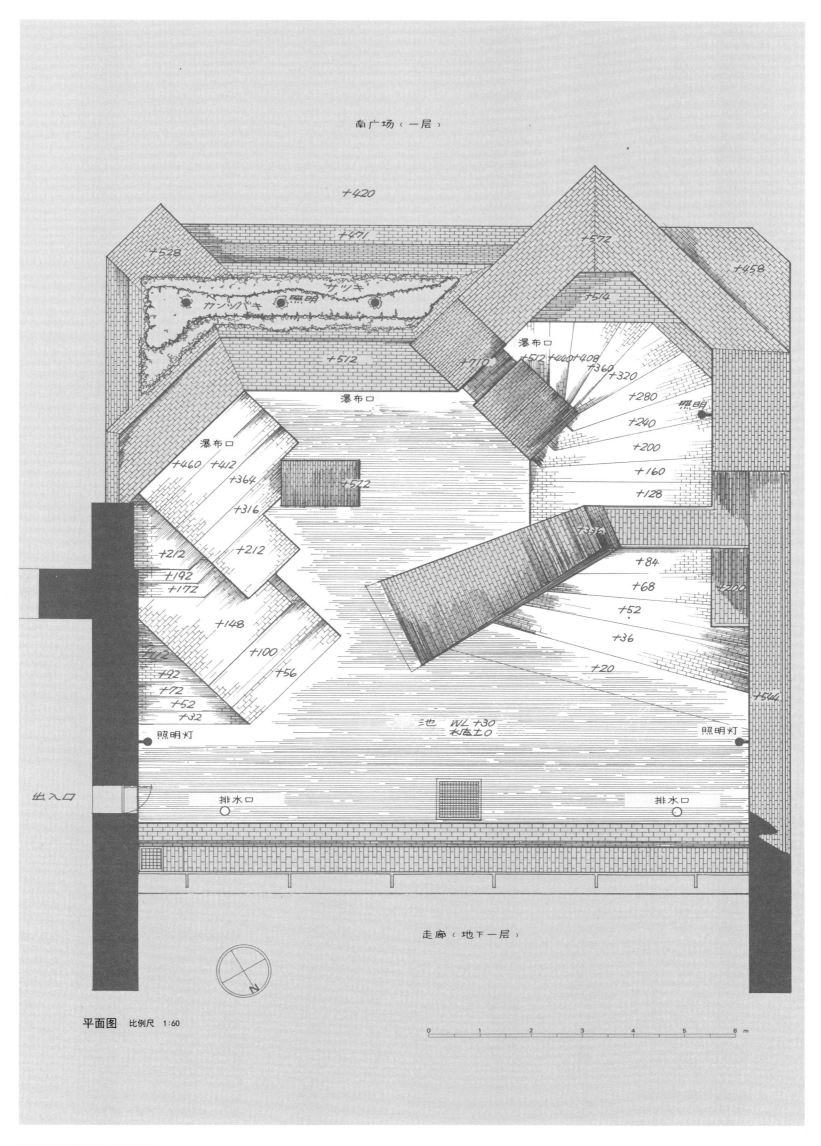

南广场（一层）

+420

+471

+528

+572

+458

+514

カンツバキ 照明 サツキ

+512

瀑布口 +710 +512 +440 +408

瀑布口 +360 +320

+280 照明

瀑布口 +240

+460 +412 +200

+364 +572 +160

+316 +128

+212 +212

+192 +336

+172 +84

+148 +68 +200

+100 +52

+112 +36

+92 +56 +20

+72

+52 +544

+32

照明灯 池 WL+30 照明灯
水底±0

出入口 排水口 排水口

走廊（地下一层）

N

平面图 比例尺 1:60

0 1 2 3 4 5 6 m

大生相互银行 坪庭实测图

137

玄关前的景观

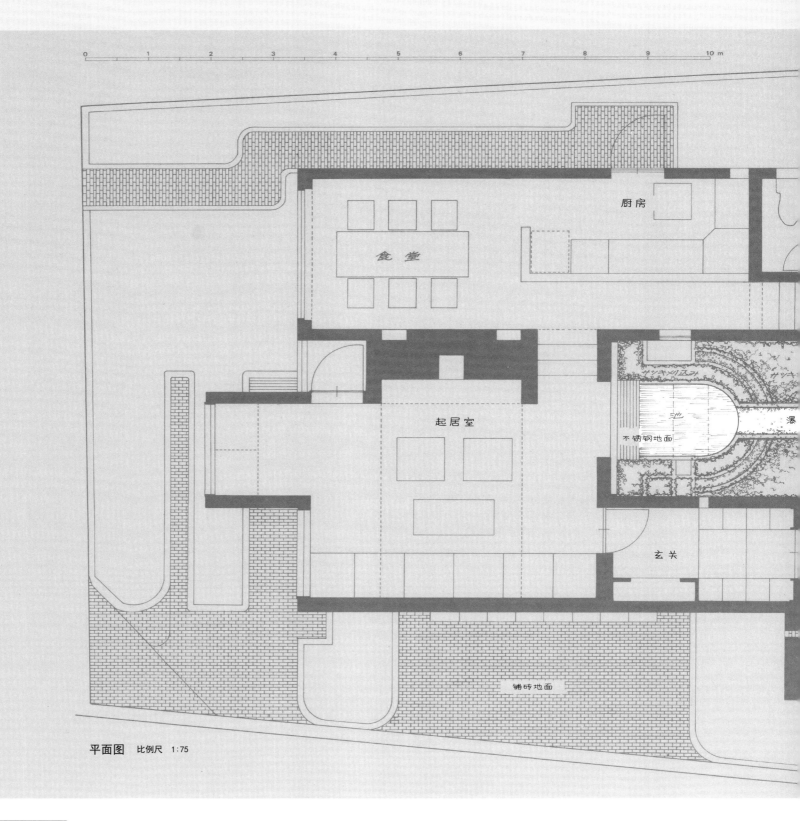

0 1 2 3 4 5 6 7 8 9 10 m

厨房

食堂

起居室

不锈钢地面

池

瀑

玄关

铺砖地面

平面图　比例尺　1:75

**谷崎邸宾馆 坪庭实测图**

该庭院位于在倾斜地面上建造而成的建筑物玄关大厅的正面,庭院整体根据地形变化呈斜坡状。在庭院左后方除了种有一棵四照花,整体只种植杜鹃,十分简单。

将流政之的作品摆放在黑御影水磨板上,打造出庭院内部的抽象空间。

此处的建筑物充分利用了自然地形,给人一种在大自然中塑造出艺术品的感觉,出江宽以此为意象建成了这一宾馆。

从大门开始便可以看到竹篱内的植被和各种艺术作品,随着步调的变化,景观也产生变化。

所在地————大阪府丰中市
建造年份————1978年
设计————出江宽建筑事务所

## 谷崎邸 宾馆

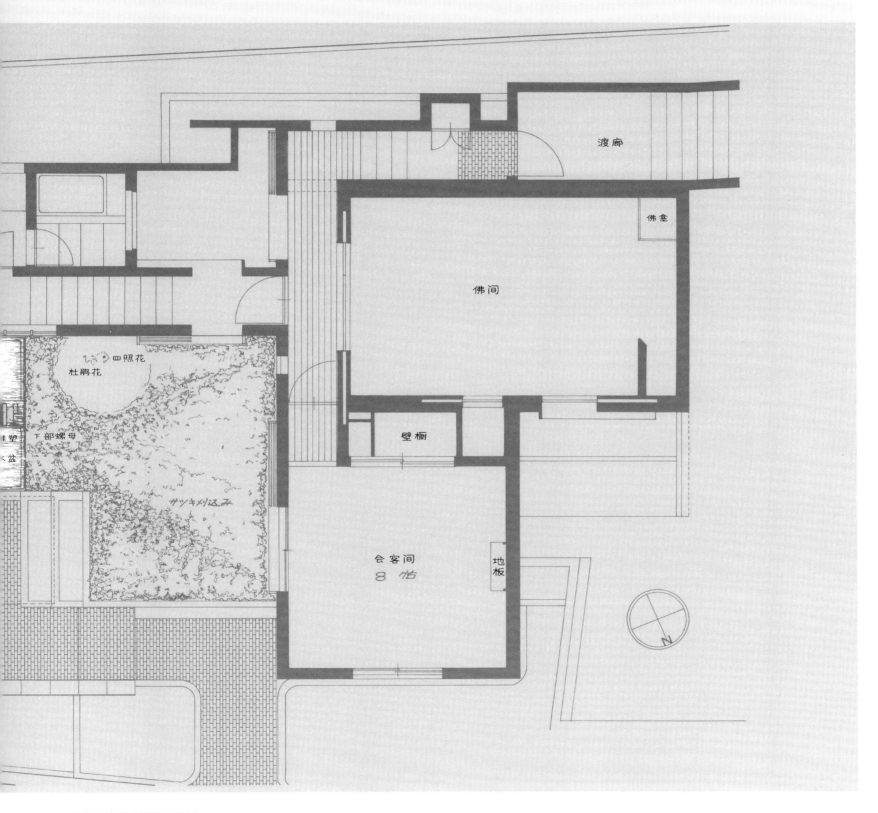

**谷崎邸宾馆 坪庭实测图**

渡廊

佛龛

佛间

四照花

杜鹃花

下部螺母

サツキ刈込み

壁橱

会客间
8 帖

地板

N

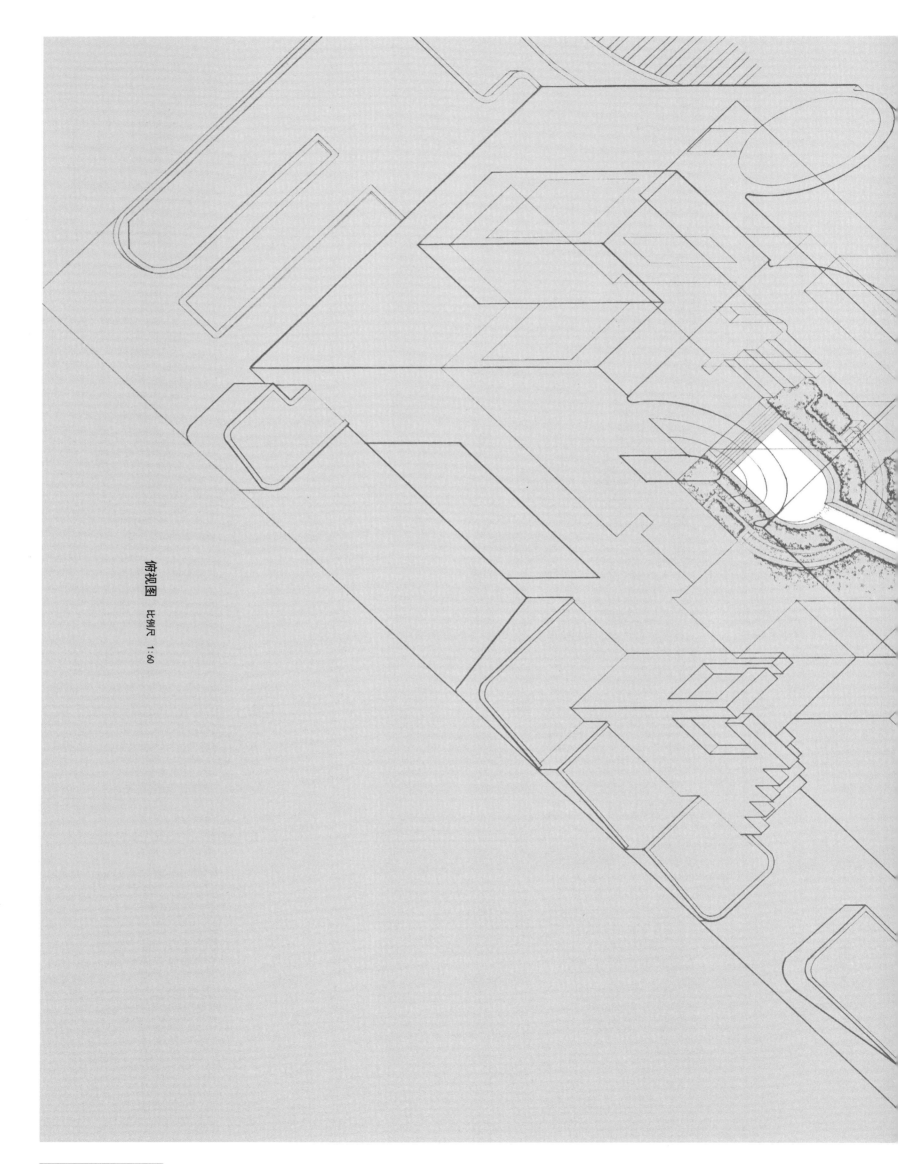

俯视图 比例尺 1:60

谷崎邸宾馆 坪庭实测图

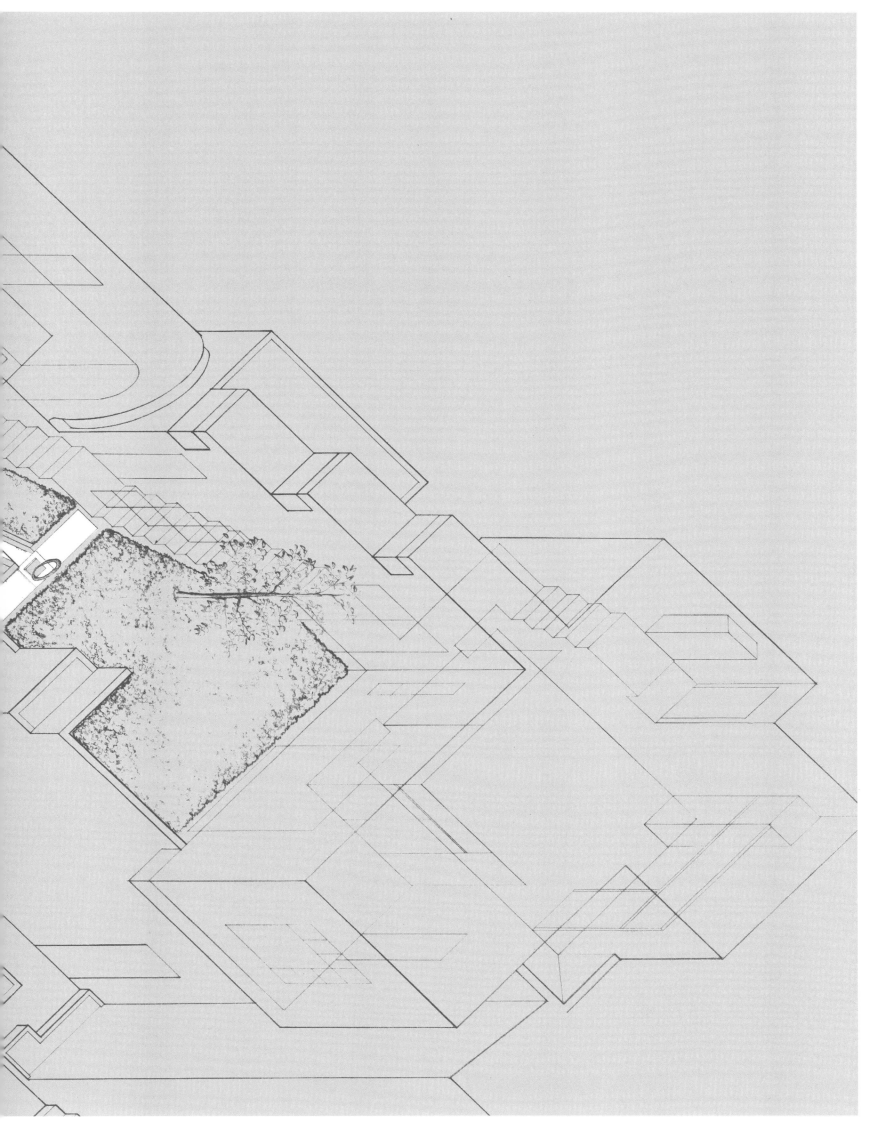

谷崎邸宾馆 坪庭实测图

佳水园 从大厅看中庭

佳水园 从岩山俯瞰中庭全景

岚山吉兆 东屋坪庭

岩 波

上 = 从座敷次间看坪庭
下 = 从茶室看到的景观

中里

右＝渡廊边上的坪庭
上＝茶室南侧的坪庭
下＝茶室南侧的坪庭 蹲踞

左 赖邸 洗手处前的坪庭
上 诹访邸 三层和室西侧的坪庭

吉田邸 商店坪庭

东侧（右、上）、南侧（中）、西侧（下）视角

吉田邸　内侧坪庭

上＝和室前坪庭全景
下＝从渡廊看到的景观

154

京都藤田酒店 旧藤田邸坪庭

上 = 从北侧看到的景观
下 = 蹲踞和织部灯笼

伴邸

右 = 商店南侧的坪庭雪景
上、下 =10 叠房间内侧的坪庭

野口邸

上 = 主间东侧的坪庭
下 = 主间西侧的坪庭 全景
右 = 主间西侧的坪庭 从井前眺望主间

俵屋

右、上＝走廊边的坪庭

俵屋 走廊边的坪庭 俯瞰图

实测图·解说三

日本庭院集成

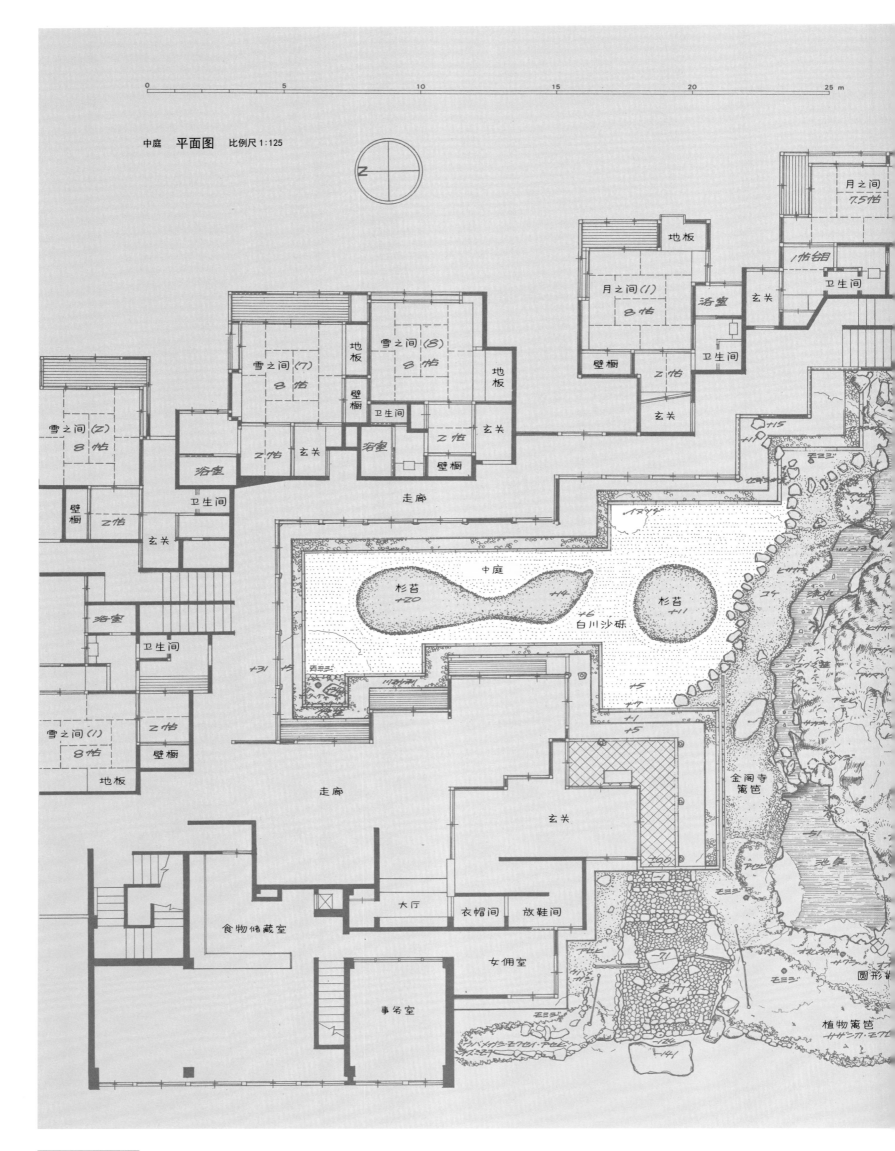

中庭　平面图　比例尺 1：125

N

月之间
7.5帖

地板

1帖台目

月之间(1)
8帖

浴室

玄关

卫生间

壁橱

乙帖

卫生间

玄关

+15

+1

地板

雪之间(7)
8帖

地板

壁橱

雪之间(8)
8帖

地板

卫生间

雪之间(乙)
8帖

浴室

乙帖

玄关

浴室

乙帖

玄关

壁橱

走廊

壁橱

乙帖

玄关

浴室

卫生间

+31

+15

西三三

中庭

杉苔
+20

+4

+6

杉苔
+1

白川沙砾

+15

+7

+1

+5

雪之间(1)
8帖

乙帖

壁橱

地板

走廊

玄关

金阁寺
离笆

玄关

+20

-1

池泉

食物储藏室

大厅

衣帽间

放鞋间

女佣室

圆形

石三三

事务室

石三三

-71

石三三

-141

植物离笆
サザンカ·ヌヲ巳

圆形

石三三

佳水园　坪庭实测图

164

所有者—————都宾馆
所在地—————京都市东山区
建造年份—————1960年
设　计—————村野森建筑事务所
施　工—————大林组

# 佳水园

本庭院建在山脚下，在日语コ字形空间上铺有白川沙砾，在沙砾上种有杉苔。可以说是具有村野藤吾风格的雅景。

杉苔的模样是酒葫芦形，与醍醐寺三宝院内的庭院一样，十分适合现在的风雅风格的建筑。正面呈四方形设计，从北侧的走廊开始，透过帘子可以看见中庭和石头山，在该庭院随处可以看到充满现代感的设计与自然景色所形成的鲜明对比。

在本庭院的角落和外城门上最小限度地种植着植物，赋予单调且寂寥的空间变化感。与南侧的石头山景观相对的是中庭部分简单的构造，直线形屋檐的轮廓和杉苔的曲线形成鲜明的对比，显得妙趣横生。另外，地板高度与庭院的平面之间形成整体感，让人拥有与建造者相同的视线。

从中庭看石头山

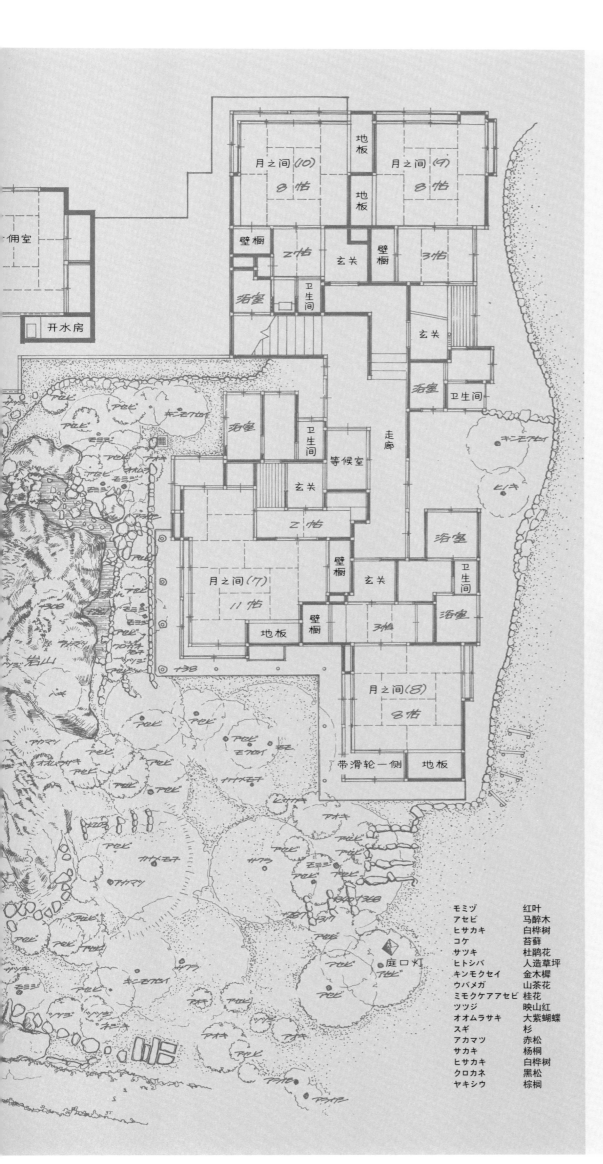

| | |
|---|---|
| モミヂ | 红叶 |
| アセビ | 马醉木 |
| ヒサカキ | 白桦树 |
| コケ | 苔藓 |
| サツキ | 杜鹃花 |
| ヒトシバ | 人造草坪 |
| キンモクセイ | 金木樨 |
| ウバメガ | 山茶花 |
| ミモクケアアセビ | 桂花 |
| ツツジ | 映山红 |
| オオムラサキ | 大紫蝴蝶 |
| スギ | 杉 |
| アカマツ | 赤松 |
| サカキ | 杨桐 |
| ヒサカキ | 白桦树 |
| クロガネ | 黑松 |
| ヤキシウ | 棕榈 |

佳水园 坪庭实测图

中庭 俯视图 比例尺 1:125

佳水园 坪庭实测图

佳水园 坪庭实测图

# 岚山吉兆

所有者——吉兆嵯峨分店株式会社
所在地——京都市右京区
建造年份——1868 年（1950 年改建）
设计——汤木贞一
施工——川崎造园

该庭院位于二十五层的大广间（东屋）的北面，前庭以南侧的岚山为背景，建筑与自然景观形成鲜明的对比，营造出宁静感。

从该庭院的座敷可以看到雪见障子以及透过帘子所看到的景象，如同屏风上的画一般。有一片区域只种孟宗竹，形成一片竹林。在轩内铺上伊势沙砾，与栅栏相辅相成，给庭院带来清凉感。

岚山吉兆庭院有着风雅的风格，与作为背景的岚山的自然风光既形成对比，又和谐统一。该庭院以一种单一感来打造出无限的遐想空间。

东屋坪庭 轩内铺路石

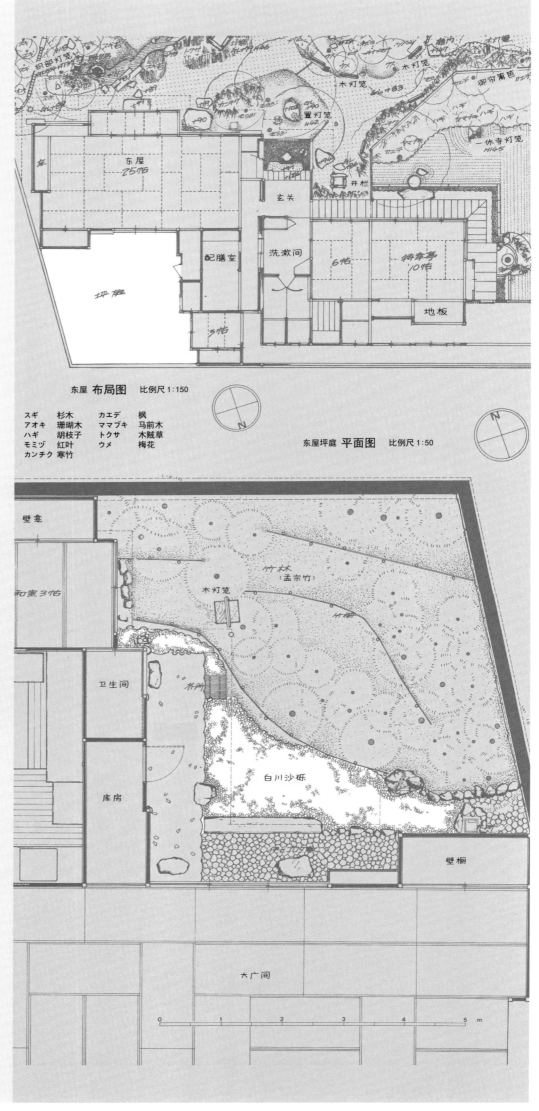

东屋 **布局图** 比例尺 1:150

| スギ | 杉木 | カエデ | 枫 |
| アオキ | 珊瑚木 | ママブキ | 马前木 |
| ハギ | 胡枝子 | トクサ | 木贼草 |
| モミヅ | 红叶 | ウメ | 梅花 |
| カンチク | 寒竹 | | |

东屋坪庭 **平面图** 比例尺 1:50

岚山吉兆 坪庭实测图

**蹲踞和嵌入式灯笼**

京都的民宅为了在闷热的夏季获得清凉之感的同时又有光线射入，通常会在建筑内侧留有较长的通风空间。

本庭院中的特色设计是摆放露地风格的蹲踞。坐在会客间时可以看到以杉树皮效果的围墙以及各种植物为中心的景色。沿着绿色植被前进，这个蹲踞成为景观的中心。蹲踞放置在台座上，与嵌入式灯笼一同赋予本庭院景观的变化。此外，利用废弃的御影石制作成烛台的设计也很巧妙。

四方竹、红叶、倭竹等植物的种植方式让庭院在视觉上产生远近感，贴上瓦片打造出杉树皮效果，赋予围墙以变化。

四目篱笆作为内外的分界线，起到了分隔的作用。其前半部分下降的设计使视线向中心集中。

该庭院能够让人感受到建造者智慧的精髓所在。

所有者……岩波幸子
所在地……京都市东山区
建造年份……1953 年
设计·施工……植重（木曽重治）

岩波

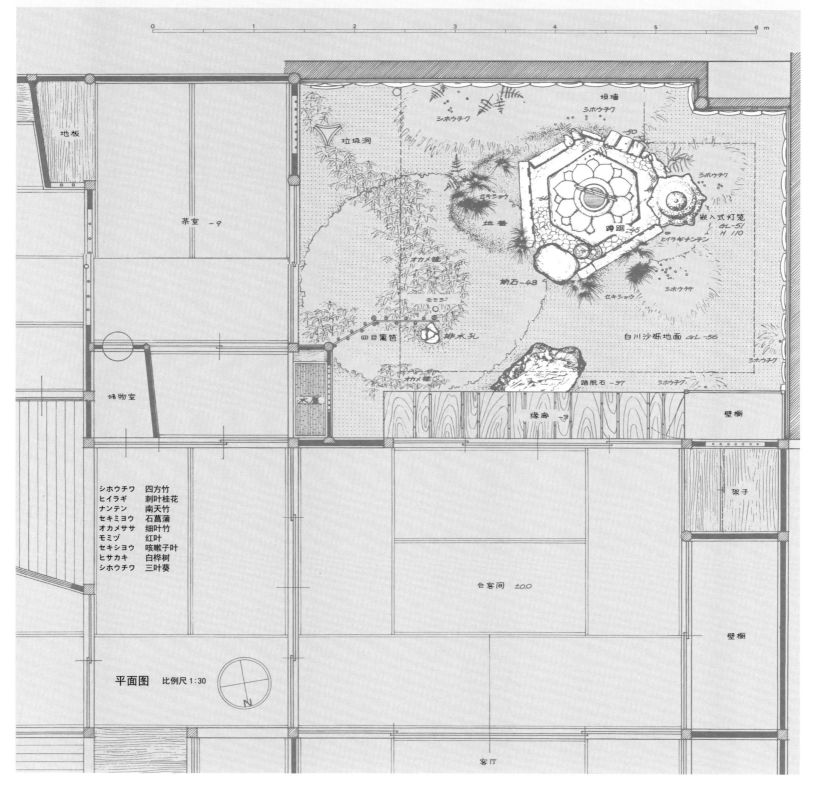

| シホウチワ | 四方竹 |
| --- | --- |
| ヒイラギ | 刺叶桂花 |
| ナンテン | 南天竹 |
| セキミョウ | 石菖蒲 |
| オカメササ | 细叶竹 |
| モミヅ | 红叶 |
| セキショウ | 咳嗽子叶 |
| ヒサカキ | 白桦树 |
| シホウチワ | 三叶葵 |

**平面图** 比例尺 1:30

**岩波 坪庭实测图**

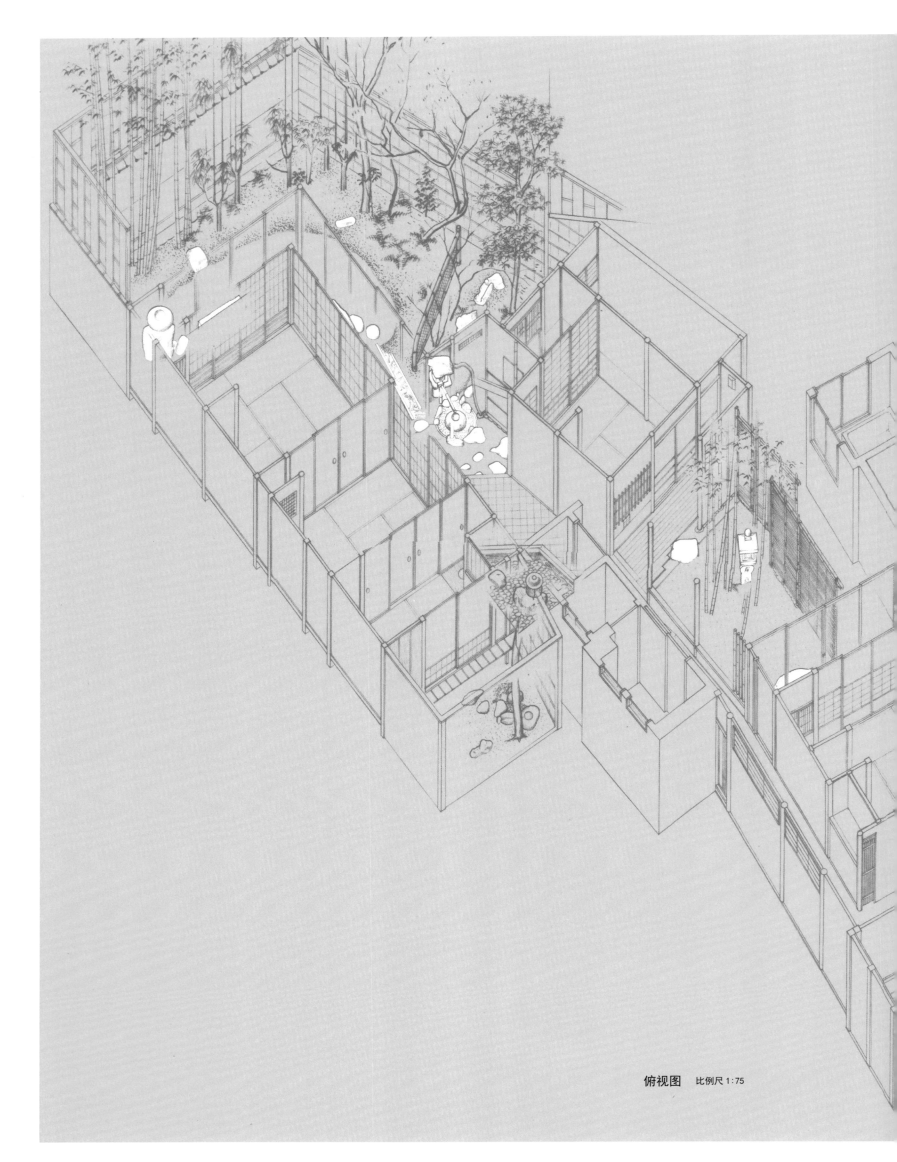

俯视图　比例尺 1:75

中里 坪庭实测图

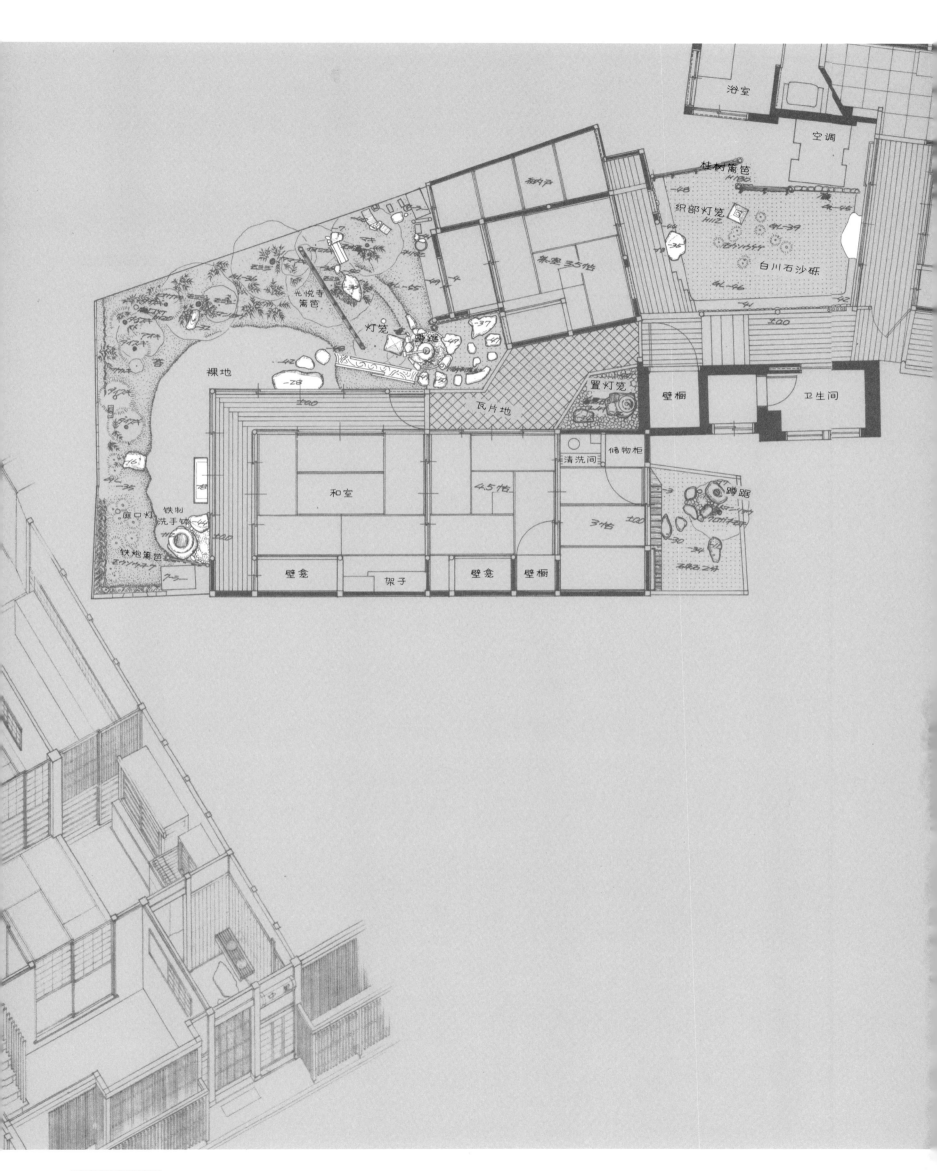

浴室

空调

桂树篱笆
H180
-48

织部灯笼
H112

白川石沙砾

养室 35帖

壁橱

卫生间

灯笼

蹲踞

置灯笼

瓦片地

裸地

清洗间

储物柜

光悦寺篱笆

和室

4.5帖

3帖

蹲踞

庭口灯

铁制
洗手钵

铁炮篱笆

壁龛

架子

壁龛

壁橱

中里 坪庭实测图

171

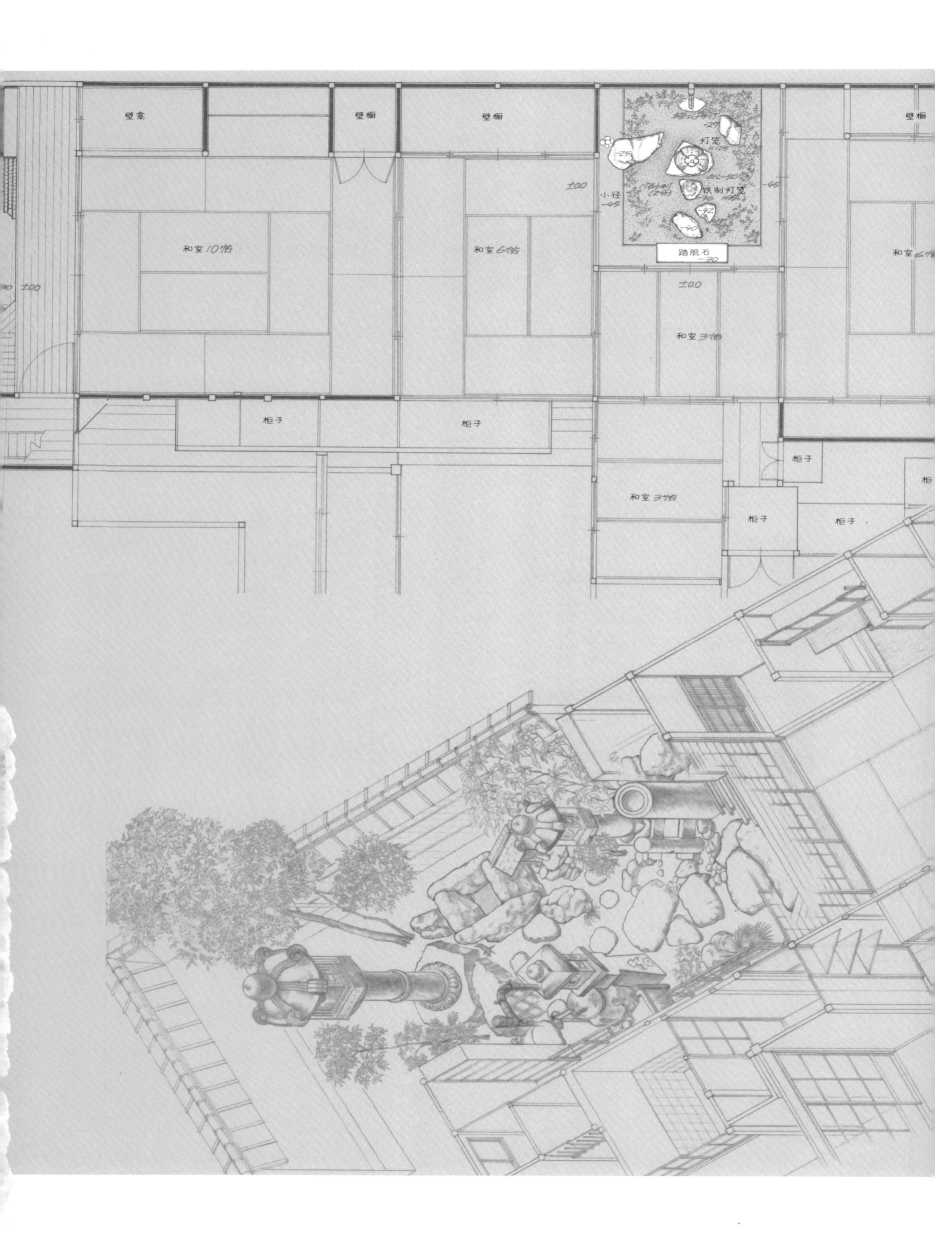

壁龛　　　　　　　　壁橱　　壁橱　　壁橱　　　　　　　　　　　　　　　　　壁橱

和室10帖　　　　　　　　　和室6帖　　　±00　小径
-45

和室3帖

柜子　　　　　柜子　　　　　　　　　　　柜子

和室3帖　　　柜子　　柜子

±00

灯笼
H125

铁制灯笼

踏脱石
-30

所有者————诹访光三郎
所在地————京都市上京区
建造年份————大正初期
设计·施工————不明

# 诹访邸

本邸是现今留存的典型的京都风格的庭院。靠近玄关处约为二坪的庭院作为光庭，从正上方斜射入的光线照射在灯笼上，营造出柔和的景象。庭院其中一面铺满沙砾，虽然只种植蕨类植被，却能打造出一片葱绿，让人能够强烈地感受到夏季的一丝丝凉意。灯笼的顶盖采用木工工艺，整体种植较矮的植被，营造出干净利落的感觉。从正面开始眺望，可以看到背后巧妙组合在一起的名栗之柱和灯笼，能够给人留下深刻的印象。

本邸内侧的庭院约八坪宽，除了三座灯笼还设置有井栏等。使用稍大的踏脚石，使景色变得明亮而又深邃，与玄关一侧的坪庭形成鲜明对比。

和室南侧坪庭

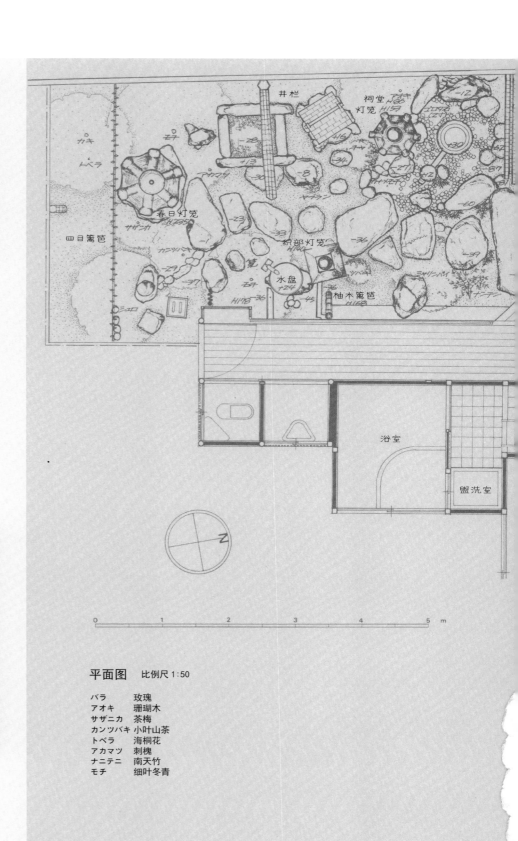

平面图　比例尺 1:50

| バラ | 玫瑰 |
| アオキ | 珊瑚木 |
| サザニカ | 茶梅 |
| カンツバキ | 小叶山茶 |
| トベラ | 海桐花 |
| アカマツ | 刺槐 |
| ナニテニ | 南天竹 |
| モチ | 细叶冬青 |

诹访邸　坪庭实测图

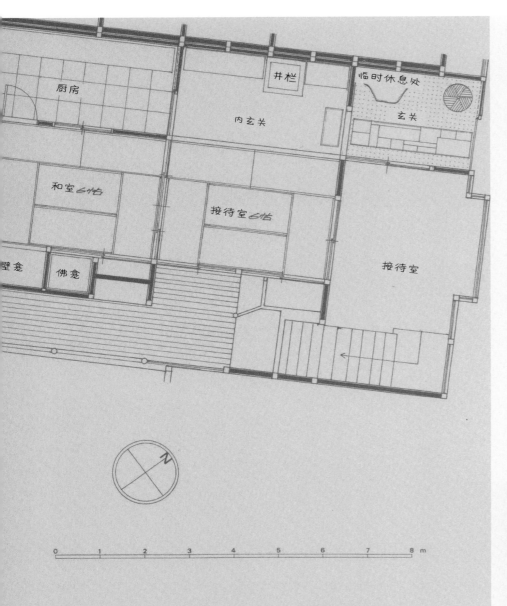

平面图　比例尺 1:75

| モウソウテケ | 孟宗竹 |
| モミジ | 红叶 |
| ワロガネモチ | 铁冬青 |
| レレマニリヨウ | 朱砂根 |
| タイスギ | 泰国杉 |
| サカキ | 杨桐 |
| マキ | 罗汉松 |
| ヒサカキ | 白桦树 |
| アオキ | 珊瑚木 |
| ダイスギ | 杉木 |
| イヨミズキ | 山茱萸 |

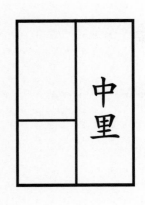

所有者——中村种子
所在地——京都市上京区
建造年份——1955年
设计·施工——川崎造园

中里

本邸是上七轩遗留的少数建筑之一，与其他建筑一样，同为纵长形结构设计。沿着中段、走廊可以看到美丽的庭院。铺有白川石沙砾，在后侧摆放有织部灯笼。以交叉形桂树篱笆为背景，打造出立体感。

内庭院虽是小庭，但巧妙地演绎出露地的作用和坪庭的动感，可以说是一座实用性和美感兼具的庭院。

露地的内侧有六层建筑，走廊铺有踏脚石，途中的御影石上镶嵌着瓦片，使露地呈现出变化感。

从茶室到玻璃窗这一段路可以眺望庭院，内侧有光悦寺篱笆，这个篱笆让庭院景色变得有动感。在篱笆后侧绿荫葱葱，与眼前的绿草相辅相成，打造出平静的感觉。

茶室东侧坪庭

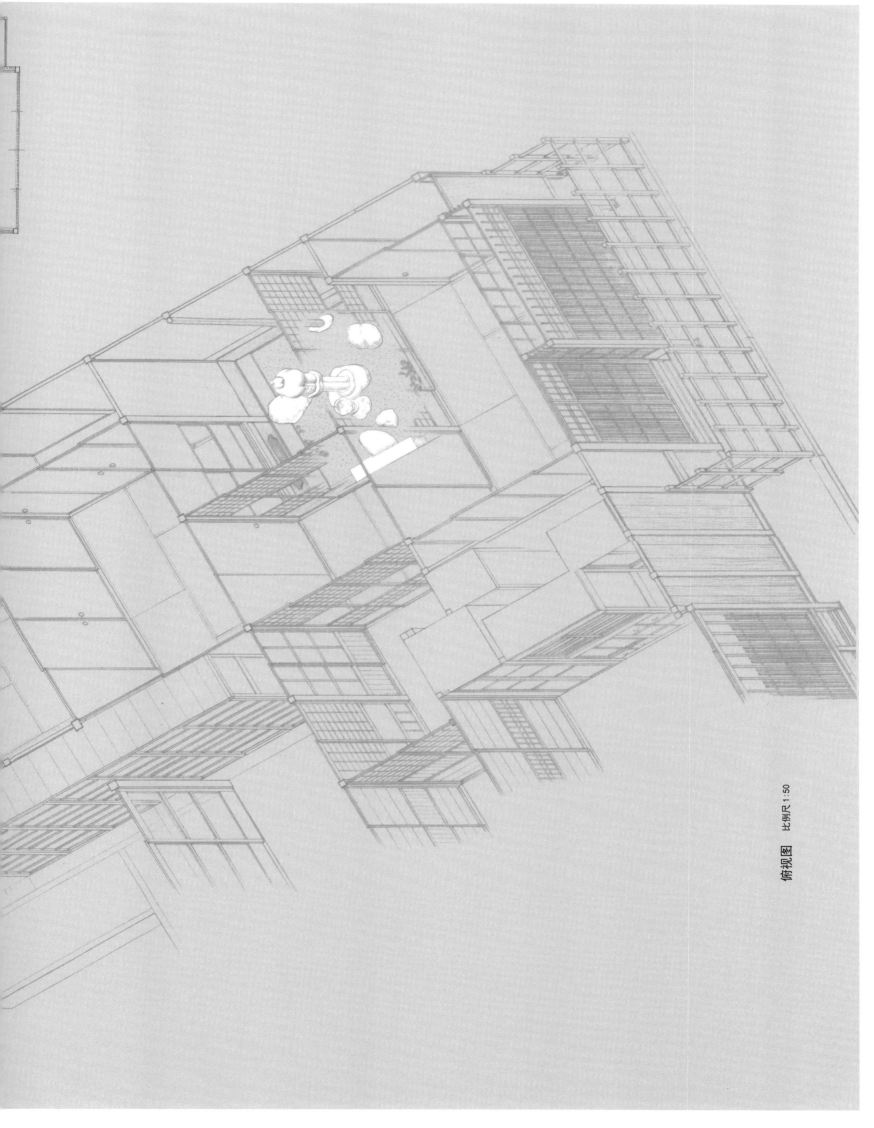

俯视图　比例尺 1:50

诹访邸　坪庭实测图

这个坪庭是一个连一草一木都没有的单调空间。此处虽然只摆放了一个洗手钵，但是将其当作钵前（由洗手钵和石组组成的装置）来使用，所以摆放在较高的地方。

钵前要素由水扬石、清静石等石头构成，考虑到设置方法，于是巧妙地摆放了石头用作装饰。

所有者……赖新
所在地……京都市东山区
建造年份……江户末期
设计·施工……不明

赖
邸

从坪庭眺望玄关一侧的庭院

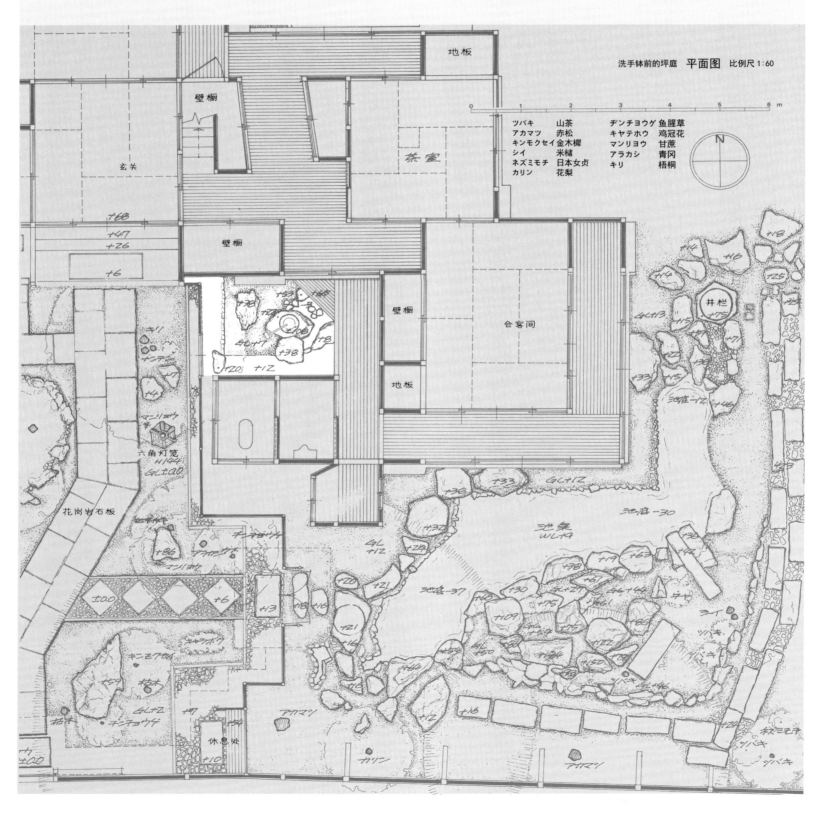

洗手钵前的坪庭 **平面图** 比例尺 1:60

0　　1　　2　　3　　4　　5　　6 m

| ツバキ | 山茶 | ヂンチヨウゲ | 鱼腥草 |
|---|---|---|---|
| アカマツ | 赤松 | キヤテホウ | 鸡冠花 |
| キンモクセイ | 金木樨 | マンリヨウ | 甘蔗 |
| シイ | 米槠 | アラカシ | 青冈 |
| ネズミモチ | 日本女贞 | キリ | 梧桐 |
| カリン | 花梨 | | |

**赖邸 坪庭实测图**

**内侧坪庭 濡绿钵前**

与本卷收录的诹访邸中的庭院一样，本庭院也是京都典型的町家庭院。内玄关坪庭约为四坪，兼具采光和通风的效果。在四角形灯笼和蹲踞附近种植棕竹，结构虽简单但并不是毫无作用。北侧墙壁贴有杉树皮，通过打造出曝光不足的效果来使之与周围相协调。

内侧的坪庭约九坪，整体较为宽敞。在东北角摆放枣形洗手钵，在稍稍靠近中央的位置摆放春日灯笼，便形成了本庭院的中心景色。

另外，庭院整体使用较大的踏脚石，尤其是踏分石采用大块的伽蓝石，使庭院显得更为宽敞。

向内侧座敷走去，在走廊的边上摆放有一个小型洗手钵。从这里朝和室方向看去，可以看到十分有趣而又美丽的景象。

所有者……吉田孝次郎
所在地……京都市中京区
建造年份……1909年
设计·施工……不明

# 吉田邸

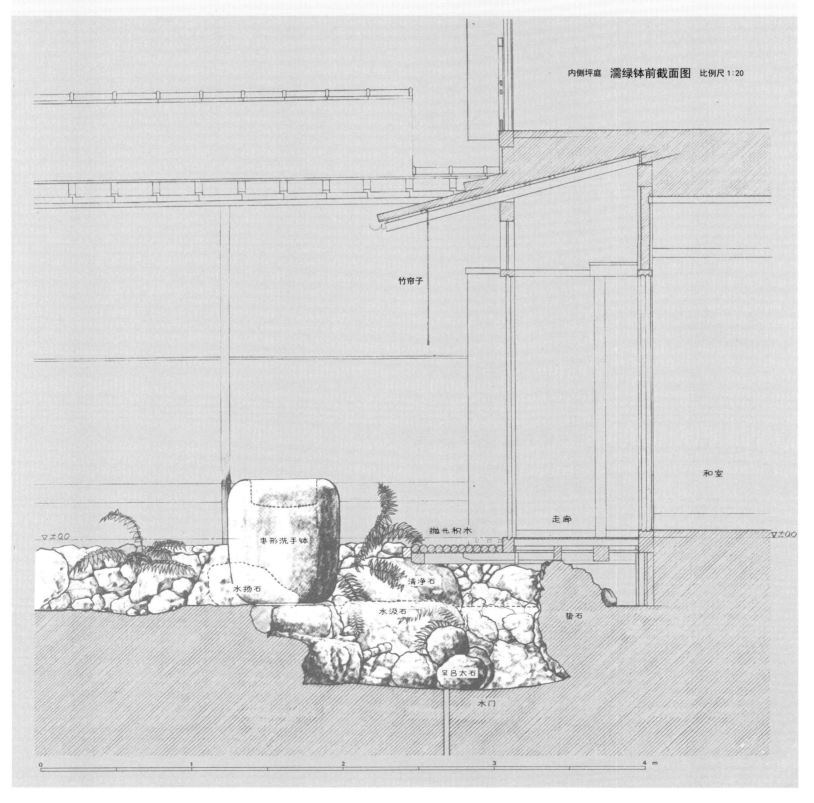

内侧坪庭 **濡绿钵前截面图** 比例尺 1:20

竹帘子 / 和室 / 走廊 / 抛光积木 / 枣形洗手钵 / 水扬石 / 清净石 / 水汲石 / 吴吕太石 / 蛰石 / 水门

**吉田邸 坪庭实测图**

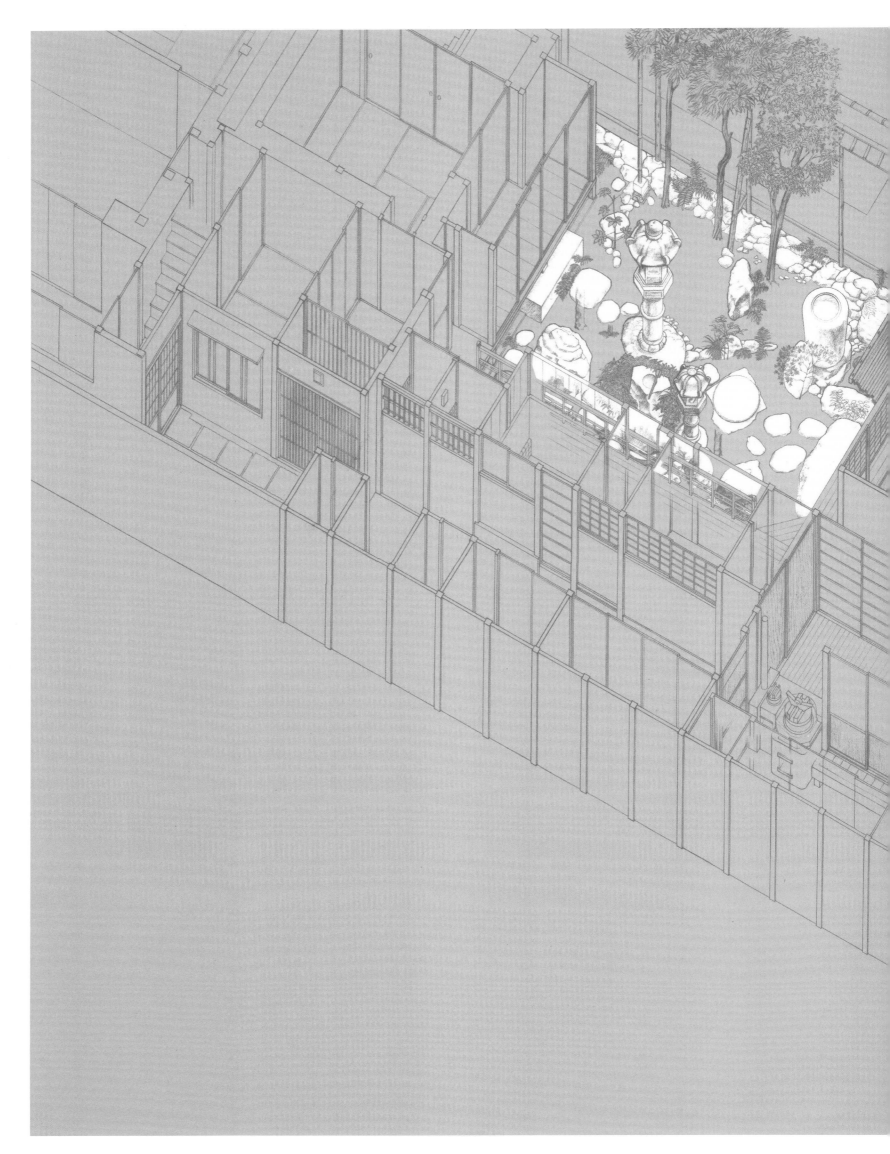

吉田邸 坪庭实测图

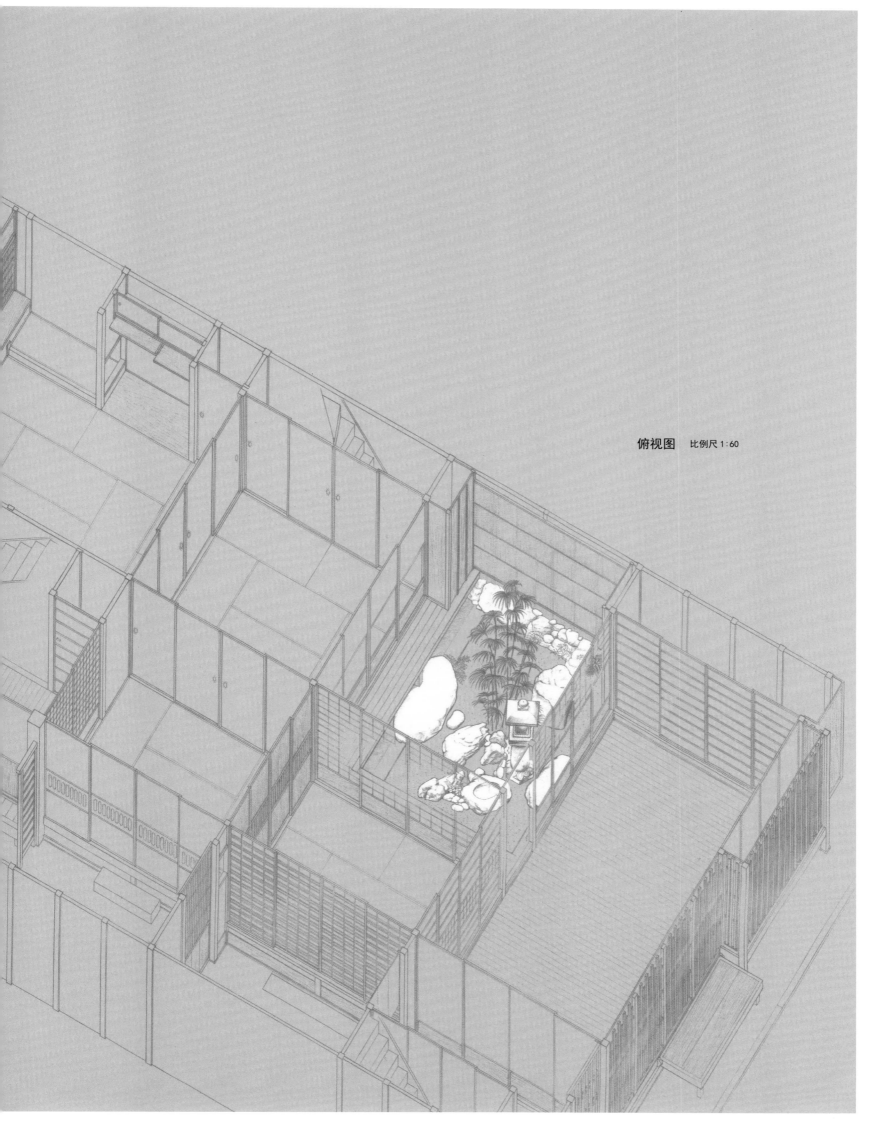

俯视图　比例尺 1:60

吉田邸　坪庭实测图

内侧坪庭 西南角石组

内侧坪庭 春日灯笼

内侧坪庭 和室前的踏脚石

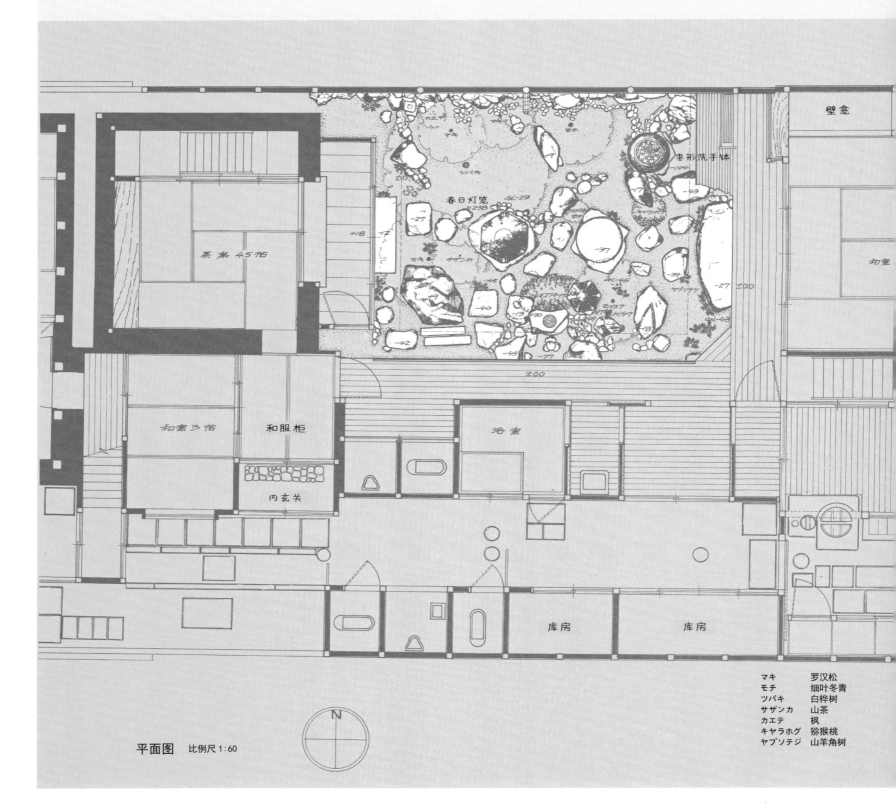

平面图　比例尺 1:60

マキ　　　罗汉松
モチ　　　细叶冬青
ツバキ　　白桦树
サザンカ　山茶
カエテ　　枫
キャラホグ　猕猴桃
ヤブソテジ　山羊角树

**吉田邸 坪庭实测图**

坪庭　踏分石

坪庭　蹲踞

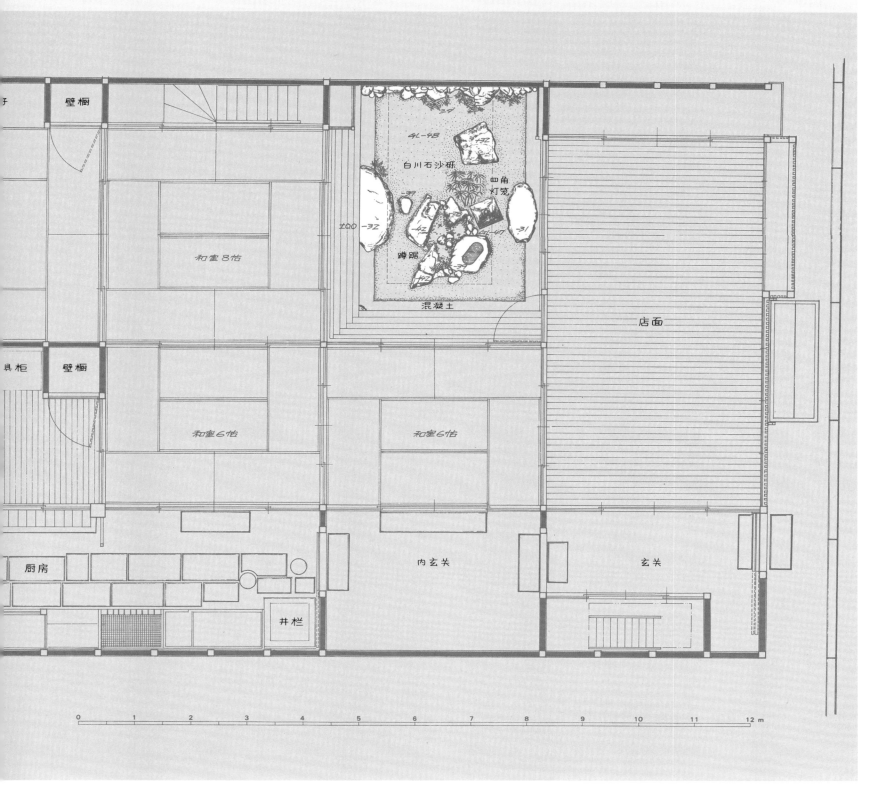

吉田邸　坪庭实测图

靠内房间坪庭 走廊前洗手钵

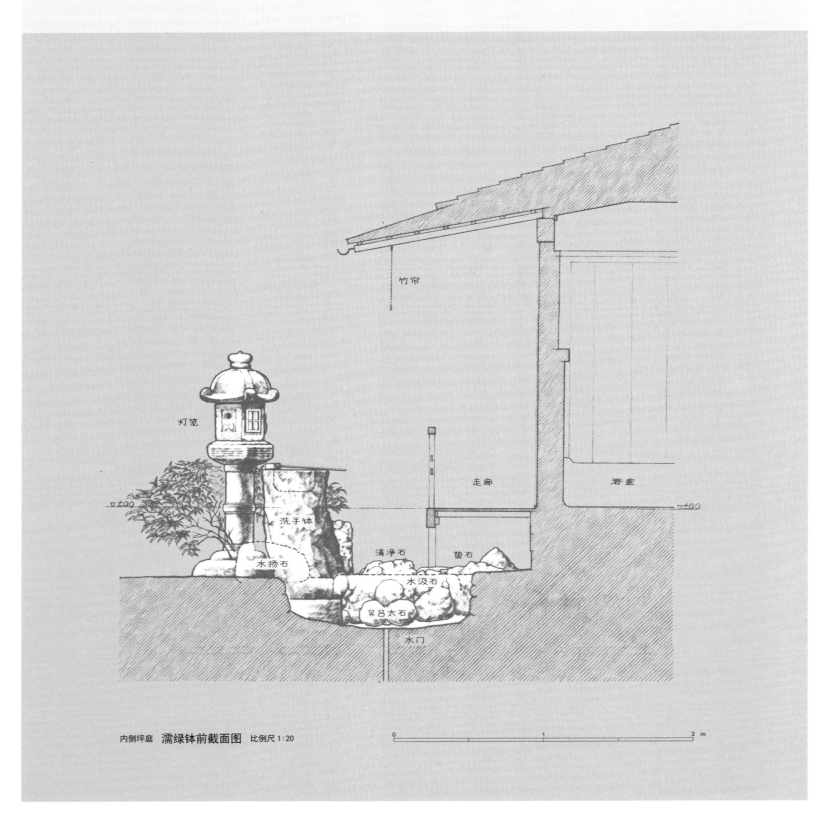

竹帘

灯笼

洗手钵

走廊

若室

水扬石

清净石

叠石

水汲石

吴吕太石

水门

内侧坪庭 **濡绿钵前截面图** 比例尺 1:20

0　　　　　1　　　　　2 m

吉田邸 坪庭实测图

旧藤田邸坪庭 蹲踞

所有者——藤田观光株式会社
所在地——京都市中京区
建造年份——明治时代
设计·施工——不明

京都藤田
酒店

酒店中的酒吧是利用旧藤田邸的别邸建造而成的，坪庭紧临着酒吧，被建筑物包围。现在的牛排店以前附属于坪庭，从这里可以欣赏到坪庭中的景观。

除了通往茶室的露地，其他细长空间全部发挥过渡作用，搭配石景、灯笼、层塔等使单调的空间呈现出变化感。庭院中种植有矢竹，这种手法可以使建筑物整体印象变得柔和。

从牛排店可以观赏到大型建筑中的小茶室以及坪庭，能够让人从中感受到平静。篱笆不仅仅作为内外的分界线，同时能够起到柔和走廊线条的效果。可以当作露地使用的坪庭可以说是极具代表性的庭院。

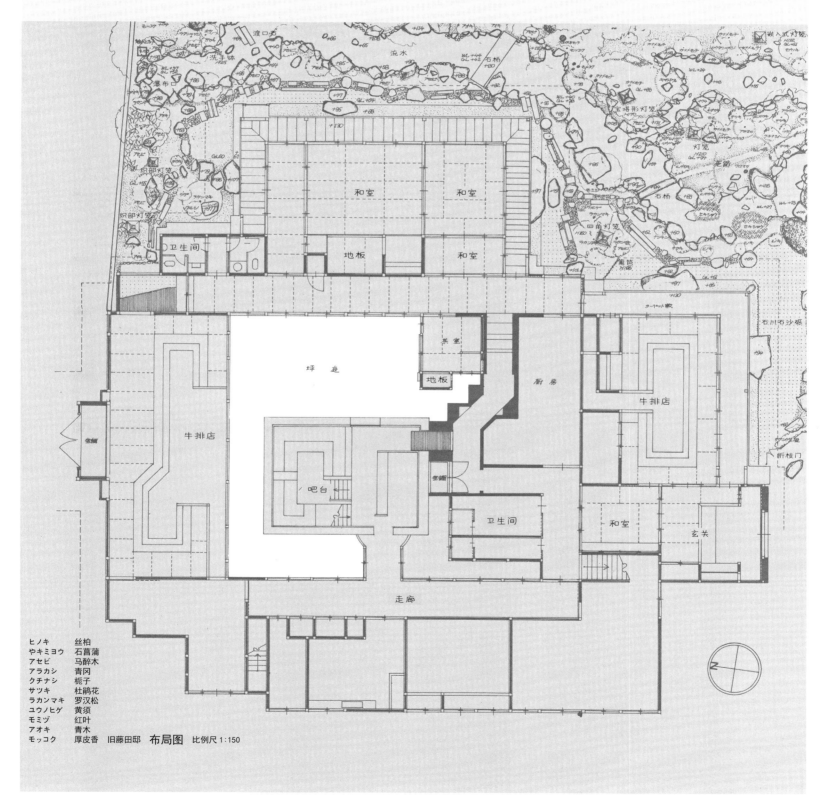

ヒノキ　丝柏
やキミョウ　石菖蒲
アセビ　马醉木
アラカシ　青冈
クチナシ　栀子
サツキ　杜鹃花
ラカンマキ　罗汉松
ユウノヒゲ　黄须
モミヅ　红叶
アオキ　青木
モッコク　厚皮香　　旧藤田邸　布局图　比例尺 1:150

京都藤田酒店 坪庭实测图

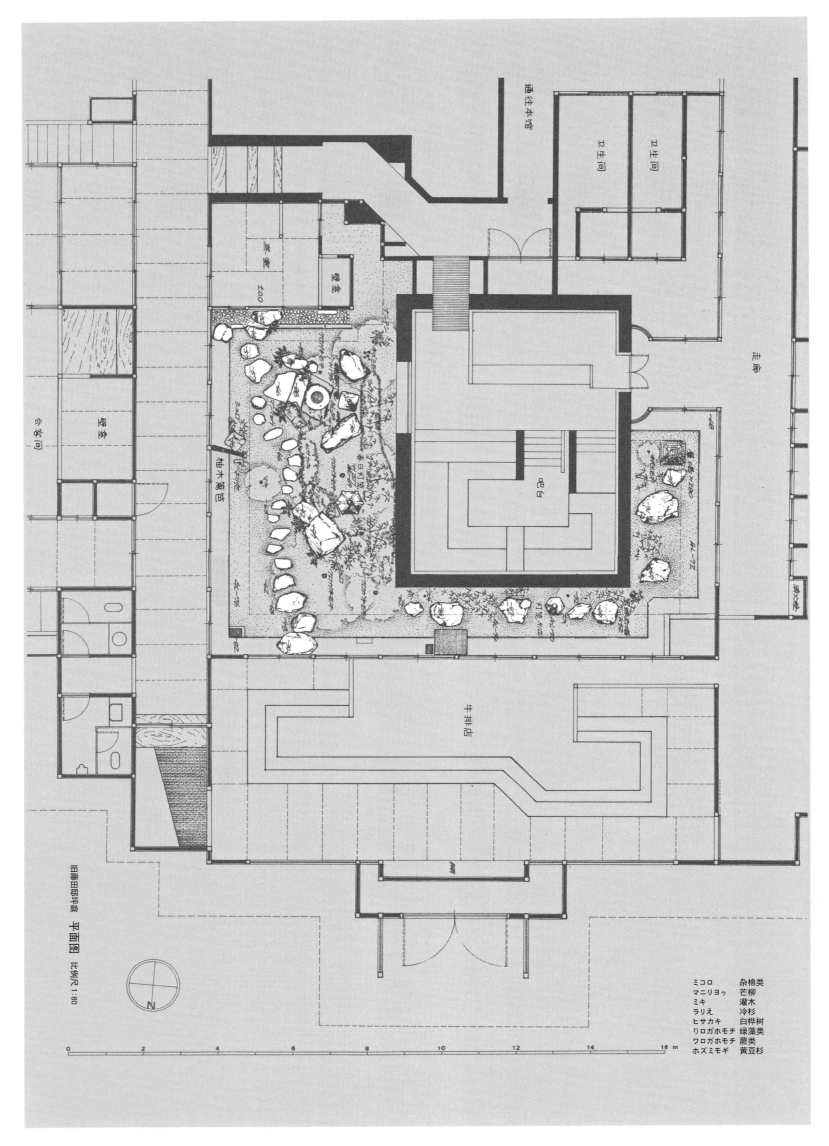

通往本馆

卫生间

卫生间

庭廊

寝室

壁龛

吧台

柚木廊台

会客间

壁龛

牛排店

旧藤田邸坪庭 平面图 比例尺 1:80

ミコロ 杂棉类
マニリヨゥ 芒柳
ミキ 灌木
ラリえ 冷杉
ヒサカキ 白桦树
りロガホモチ 绿藻类
ワロガホモチ 蕨类
ホズミモギ 黄豆杉

N

0　2　4　6　8　10　12　14　16 m

**京都藤田酒店 坪庭实测图**

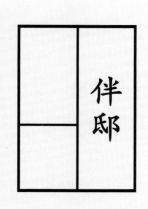

伴邸

所有者——伴宝<br>
所在地——京都市中京区<br>
建造年份——不明<br>
设计·施工——不明

在长长的建筑用地上建有三个具有京都町家风格的庭院，分别是内坪庭、座敷坪庭以及仓库前的坪庭。

首先是内坪庭，石台上摆放有铁灯笼，种植着蕨类植物和四方竹。这是在京都十分常见的庭院，与其他庭院相比庭院内种植有更多绿色植被。铁灯笼作为景观的中心打造出稳定感。庭院地面上铺着厚实的沙砾，种植着繁茂的绿植，给人一种平静的感觉。

座敷坪庭的景色以角形洗手钵、西屋灯笼、春日灯笼为中心，这种高低组合赋予庭院立体感。集中种植在内侧的植被起到遮蔽私人空间的效果，同时在视觉效果上营造出深度和宽度。

仓库前坪庭内既没有洗手钵，也没有鞍马蹲踞，不能当作露地使用。

蹲踞

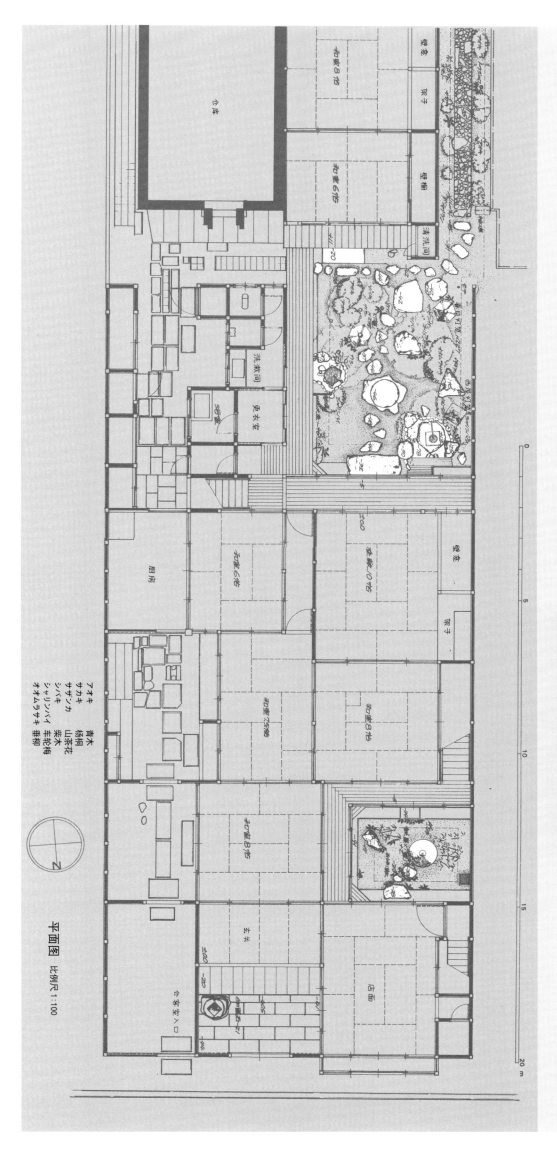

伴邸 坪庭实测图

平面图 比例尺 1:100

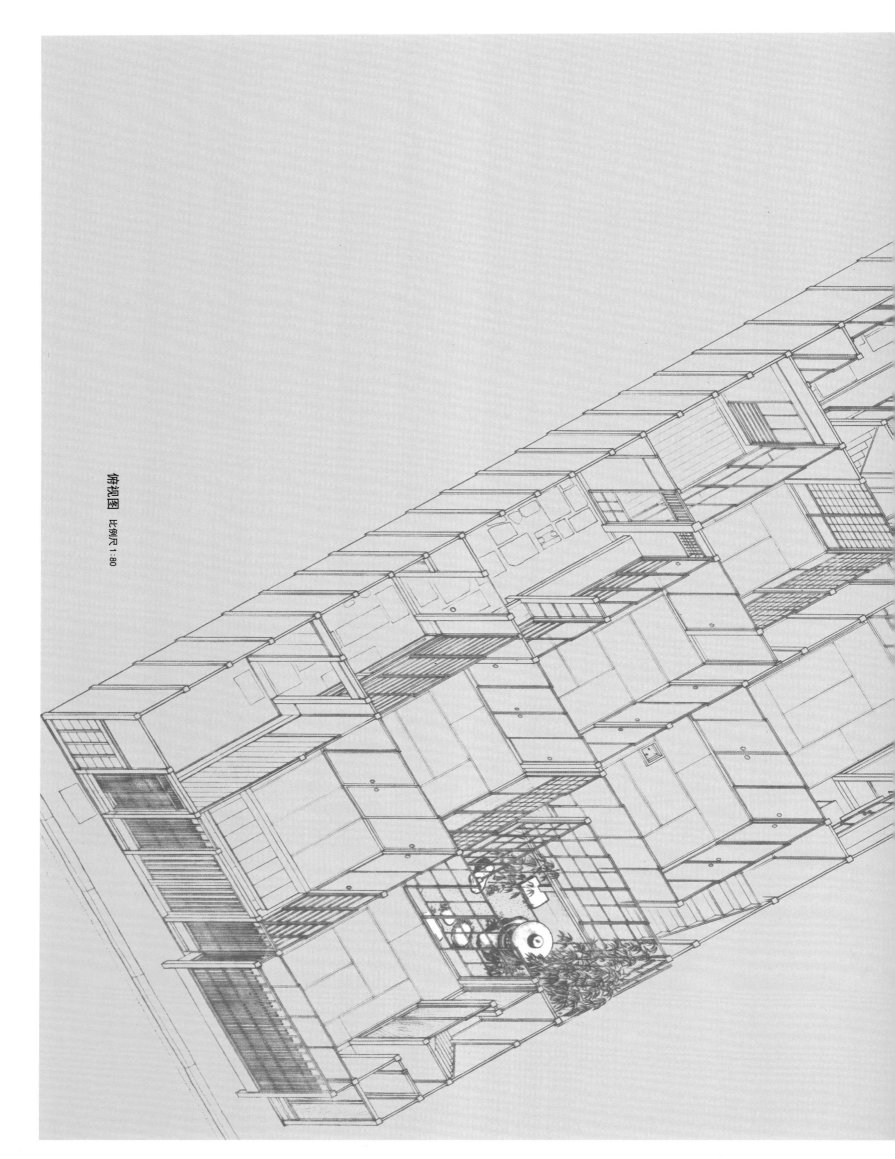

俯视图 比例尺 1:80

伴邸 坪庭实测图

伴邸 坪庭实测图

主座敷西侧的坪庭 踏脚石　　　　主座敷东侧的坪庭 从茶室看到的景观

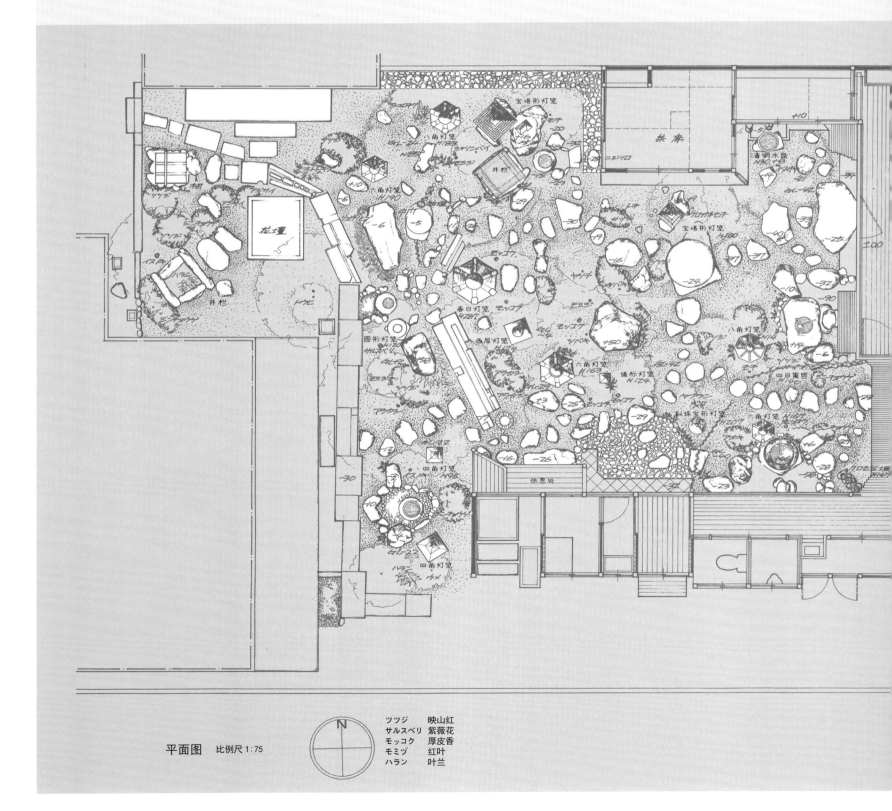

平面图　　比例尺 1:75

| ツツジ | 映山红 |
| サルスベリ | 紫薇花 |
| モッコク | 厚皮香 |
| モミヂ | 红叶 |
| ハラン | 叶兰 |

**野口邸 坪庭实测图**

宅邸内有三个庭院，分别是胁之庭、主座敷东侧坪庭和西侧坪庭。

三个庭院的共通之处是都可以当作露地来用，由于主座敷是被称为"小堀屋敷"的座敷风格房间，能够让人感受到茶的气息。

从和室看到的主座敷东侧的坪庭比较具有开放的感觉，林立的棕竹营造出凉意。与此相对的是西侧的坪庭，通过密集地种植被来打造出幽深感。

本座宅邸中的庭院和伴邸、吉田邸、诹访邸等宅邸中的庭院都是具有京都风格的精妙庭院作品，能够让人感受到设计者的智慧与巧思。

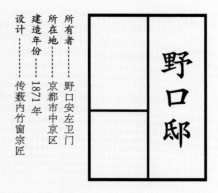

所有者 野口安左卫门
所在地 京都市中京区
建造年份 1871 年
设计 传薮内竹窗宗匠

野口邸

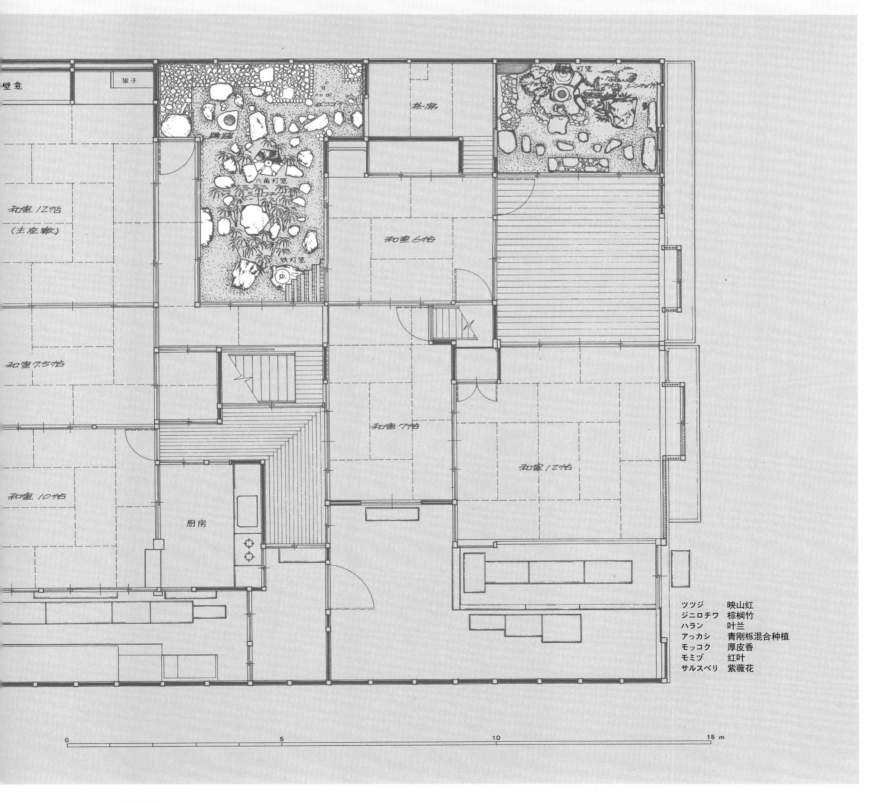

ツツジ 映山红
ジュロチワ 棕榈竹
ハラン 叶兰
アっカシ 青刚栎混合种植
モッコク 厚皮香
モミヅ 红叶
サルスベリ 紫薇花

**野口邸 坪庭实测图**

俵屋是一家拥有三百多年传统的旅馆，从豪华单间里可以看到各式各样华丽的庭院。本节提到的庭院位于走廊的一角，给人留下很深的印象。该庭院被两层建筑所包围，沐浴在阳光下的景象，为穿过走廊的客人带来一丝凉意。

虽然仅由井栏、灯笼、棕竹和季节性的花草等元素构成，结构简单，但是鲜艳的绿色和花朵以及温暖的灯笼都足以象征旅馆，形成了一种庄严的美感。

所有者┈┈┈佐藤年
所在地┈┈┈京都市中京区
建造年份┈┈明治末期
设计·施工┈小川治兵卫（植治）

俵屋

走廊角落的坪庭 井与灯笼

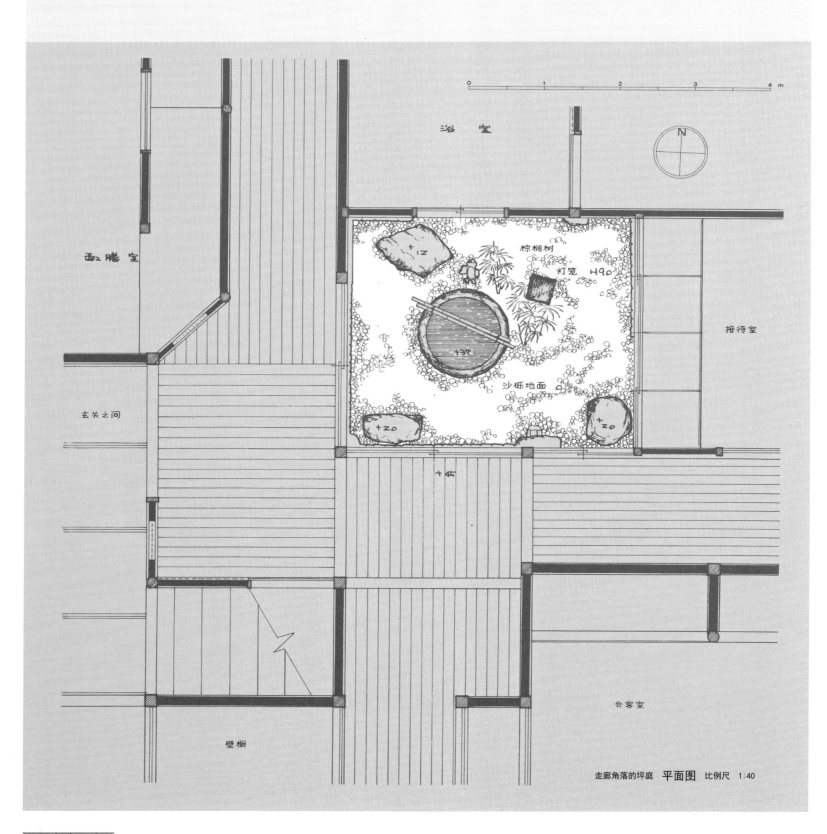

浴室

配膳室

玄关之间

接待室

棕榈树

灯笼 H90

沙砾地面

会客室

壁橱

走廊角落的坪庭 平面图 比例尺 1:40

俵屋 坪庭实测图

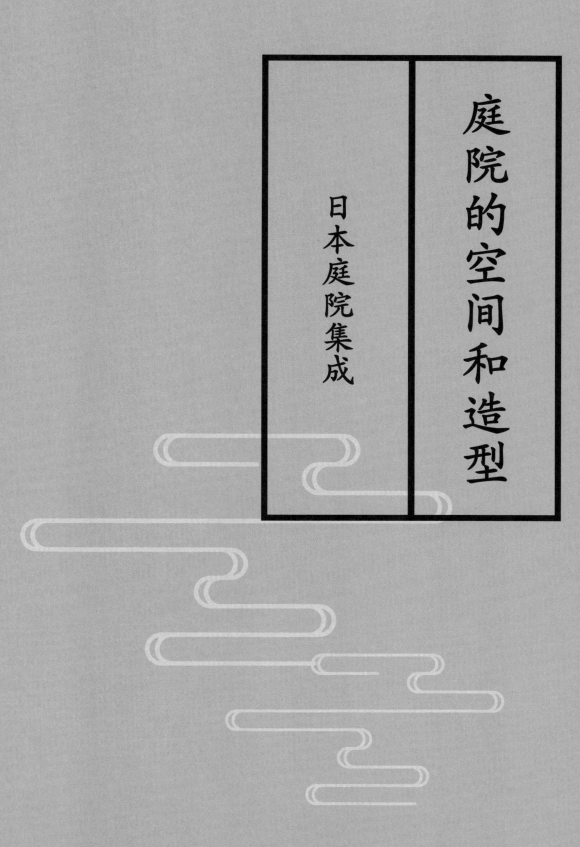

庭院的空间和造型

日本庭院集成

## 欧洲建筑之中庭

我们将被列柱廊、走廊、围墙等包围的庭院称为中庭。对围绕中庭生活的人来说，他们共同生活的真实感很强烈。以中庭为媒介，人们互相了解。中庭起到了连接的作用，通过这样的联系人们彼此之间的关系非常亲密。另一方面，亲密度和隐私之间是相辅相成、互为表里的关系，二者之间的平衡非常难掌握。

公认的中庭有两种，分别是由意志和结果产生的。如果在狭窄的土地上建造房子，考虑到采光和通风，在房子和房子之间就会形成适当的空间。若在那里种上树木便形成了中庭。从结果这一方面来说，这是一种自然产生的庭院。但不仅是采光通风，根据庭院来决定家的位置的情况反而会比较多。把这种情况也归为由结果产生的中庭。

与之相对，有从一开始就有意建造的庭院。西欧的历史建筑中的中庭就是其中一种。在西方文明的发祥地，大地无限延伸，如果想要确保人类能够在这种环境下居住，就必须从无限宽广的土地上找到适合自己居住的空间，并切断沙尘的威胁来保护自己。用厚厚的墙壁围住，以此来确保人类安心舒适的居住空间，这才是当务之急。厚厚的高墙创造出了一个有大量阴影的空间。由此，这堵墙壁就可以保护内部生长的植物，自然而然，在被围起来的小空间中会产生微气候。人们将"被围住的土地"称为"天国"。沙漠里的绿洲并没有被厚厚的墙壁包围，而是根据在地下是否埋藏着水流来划分，只有在有水的地方才有繁茂的树木。在阴凉的树荫下受到水分滋润的植被被孤立在热沙之中。这种用肉眼看不到的墙壁围成的绿洲也可以被当作天堂。

在中世纪，也有被厚厚的墙壁围住的庭院。主人持有入口的门钥匙，无论在任何时候，只要想进去他就可以打开那扇门，并从里面上锁。那是一个有着葱郁的树木和湛蓝的天空、任何人都无法窥视的另一番天地。也可以称为露天的单人房间。据说，这是只有所有者才能享受的秘密，有时也被用于秘密聚会。可以说那里就是天堂。

在罗马时代，建筑中设有玄关专用的中廊。在中廊和大厅之间有客厅，从那里可以看到庭院中的池塘和喷泉。庭院被列柱廊包围，列柱廊的对面是整齐排列的单间。那里有通往庭院的出入口，但并不像日本的庭院一样通过绿植将室内和中庭联系在一起。也就是说，各个单间相互接触，都面向中庭。

在中世纪，僧院的庭院也几乎是相同的构成。围绕着院子的围墙更加牢固，就像牢房一样被孤立。正因为如此，被列柱包围的通道部分似乎存在秘密的联系。在腰壁上有可供人休息的空间，上面排列着支撑建筑的列柱。在篱笆和喷水池前，杉树在庭院里洒满了绿色。中庭对住在僧院里的人们来说，是一个用来休息的地方，人们扶着扶手谈论这个神圣的国家。这些中庭被建筑围住。首先，建筑形成了围城，庭院中有绿色和水的修饰，这里仿佛是天国。这种建筑方式逐渐固定，这就是中庭不可能是整形的原因。中庭以被坚固的围墙围住为第一个条件，在那里第一次实现了人类创造的理想的人工自然。只有这样包围才能更加清晰，庭院的形状也会带有一种雕塑性性格。

## 寝殿造建筑与庭院

日式建筑中有着与西方建筑完全不同的中庭。我认为日本的中庭与其说是作为中庭来建造的，更应该说是考虑到了光和风来建造的。日本的庭院很好地修饰了在自然中形成的空地，但又不完全改变其样貌，是根据建造手法来打造出不规则的凹凸设计效果。不同于西欧的紧紧包围式墙壁，日式庭院并非砖石建筑，而是通过横木构造来构架出大型框架。

不管怎么说，在有着像蒸笼一样酷热的夏天的国家，保持房间的通风状态应该是对付酷热夏天的最好方法。最好的通风方法是建造一个让风可以从四方吹进来的独立的家。建造多个独立房屋，如有必要用走廊连接独立房屋的这个体系，不仅在构造上非常合理，而且在通

西班牙 圣母玛利亚教堂中庭

中国苏州 留园中庭

风这一点上也是非常舒适的。

在奈良时代有这种多个独立房屋散布的体系，但到了平安时代就变成了以寝殿为中心，用透廊连接散布的对屋的建造体系。透廊的意思是任由走廊以看上去若有若无的形式连接。在被建筑或者走廊围绕的地方可以建造中庭。中庭在以前被称作"壶庭"。建筑类型不同环绕的形式也不同，这种环境不是完全环绕，而是存在一定的漏空。可以说日本的房屋构造本身就像全部漏空一样。房间和院子中间有宽走廊或者窄走廊来分开内外，但一开窗，院子跟室内就仿佛连为一体，看起来像地板浮在庭院内。室内与院子仿佛完全一体化，庭院也不会看起来像是孤立的，而是属于周围环境的一部分，该部分根据外周壁形成了空出来的部分。也就是说，将庭院和建筑完全嵌入自然环境中的这种姿态是日本的庭院，与环绕在很厚的墙壁里建造而成的人工庭院是不一样的世界。

平安时代的人特别喜欢秋天的野花。它们在短暂的时光中盛开得非常灿烂，看起来比什么都美。定下庭院的位置时，人们引水入庭。从上方流下来的是付流水（潜水），流下来的水碰到黏土质的地层后喷出，形成泉水。水流顺着地势从东北流向西南，又被叫作灌溉水。配合灌溉水的缓慢蜿蜒的流向，人们放置石头，种植秋天绽放的野花来装饰。这便是寝殿造庭院的特色。灌溉水潜入透廊下，注入南池。南池环绕岛屿，它的周围植上茂密的树林，我觉得是在宽广的地基中形成的唯一的人工施加作用较多的地点。除去这个部分，庭院整体是秋天野草修饰的自然风景。因此，人从一端走到走廊的时候，仿佛悬浮在没有任何遮盖物的明亮的风景中。当然，各壶庭根据庭主的喜好会种植不同特征的花木，因此，在现在的京都还保留着"藤壶""荻壶"。

"藤壶"在飞香舍前，比较像小巧舒适的庭院里有一个庭棚，因内植古藤而得名。但是，这里并不是完全被建筑物环绕，里边堆积着被风吹落的树叶。另一方面，"荻壶"是清凉殿的西庭，车经过的地方和渡廊将其包围，又宽阔又大，远远大于我们认知的壶庭的概念。荻壶占17米×27米的大规模区域，虽有被包围的感觉，但不是被完全围住，其三方是通路空间。庭院里种植着荻，反而看上去不特别像装饰庭院。一到秋天，荻花盛开的样子最为惊艳。展现一幅没被人工化的嵯峨野景观。这个庭院确实是中庭，却与传统的日本庭院有所不同，给人一种特殊的印象。也许正是因为建造寝宫的地基面积十分宽阔，才能把庭院建造成像嵯峨野一样的景观，才可能建造充满自然气息的庭院。

## 书院造建筑与庭院

一进入室町时代，建筑发生了很大变化。都市人口密度稠密，建筑与建筑之间相接而建。如此一来，中庭的阴湿度加重，中庭对面的个室房间的隐私也会成为问题。另一方面，随着南宋文化的传入，禅宗开始兴起。就算是现在拜访苏州的名园，也可以亲身体会到伴随着人流的前进，建筑跟庭院巧妙地结合在一起，展开千变万化的空间。密实的建筑和庭院的关系，成为狭小的地基中建造庭院的参考。空间十分宽广的情况下，距离可以解决隐私问题。寝殿造建筑的情况下，即使寝室对面有房间，在隐私问题上也不会有不方便之处。过窄的话则眼前必须建造一个遮蔽用的墙壁。在平安时代，即便是需要遮蔽的场合，也不会建造内屏，而会用立式遮盖物或者板墙以起到遮蔽作用。

在室町时代，立一块薄的一推就倒的横木板条屏来划分场所。比起防止外部侵入者进入，其作用是明示谁应该进入哪里，以示礼仪界限。禅寺的分隔物是围绕在外围的更为坚固的筑地墙。这是围绕庭院的独立的厚墙。可以推测，最初可能是希望建造像罗马别墅及中世纪的僧院一样的庭院。房间墙壁外面的延长部分成为划分庭院的筑地墙，庭院与房间是一对一的对应关系。这个与寝殿造建筑中的房间和庭院的关系有所不同。在寝殿造建筑中，除去东西的板门及其旁边的连子

京都御所 渡廊

大德寺大仙院 书院东庭

妙心寺东海庵 石壶

窗，全被蒜户（与支摘窗类似）包围，将这些打开的话全面开放的房间仿佛在庭院空间里浮漂。这种形式与庭院跟房间一一对应的书院造建筑的庭院是不同的。

有时，书院造建筑的房间跟庭院是用建具对半遮挡的。在两根柱子之间嵌入两张舞良户（一种门），一张明障子，关上舞良户，室内就会一片漆黑。即便是同时打开舞良户跟明障子也只开放开口的二分之一。庭院与室内通过遮挡物连接，开放性受到了限制。因此，通过这样纵长的开口看到的景色仿佛限定在装饰框里。西欧因为建筑构造，开口不能打开很大，所以通过四角窗来截取庭院的景色。像这种仿佛嵌入装饰框里看风景画的状态叫作图片窗口，书院造建筑的开口发挥着与图片窗口一样的作用。即将焦点聚集在一点，根据窗户框不同截取的风景也看起来不同。因此，与寝宫造庭院只是模糊地眺望风景不同，书院造的观赏对象怎么说也必须是雕塑性的风景，造型的形状表现应该明了。

另一方面，从中国传入的盆景及盆石的技法发展成了一种娱乐。盆栽作为业余好被喜爱，人们将自己的兴趣体现在庭院里以凝缩自然之气。这种爱好并不是简单的造型游戏，人们通过木及石感受自然之气，这甚至与禅的修业有直接联系。大仙院的书院东庭就是一个有名的缩景——在方圆之间打造远山和瀑布的景象，石桥之下的沙石如水在奔流。这确实是一个典型的缩景景观，在这里所有的东西都用心布置，所以足够打动人心。另一方面，也有人会运用珍树怪石试着浓缩自然，目的难道是通过庭院达到充满激情的状态吗？如果不是这样，我感觉就仅仅是单纯的缩景了。

大德寺的方丈庭院是与之完全不同的类型。像是专为达到落落大方、悠闲自得、远离尘世的悟道境地之人打造的净土。即使庭院有这样的差异，但是共通的是建造庭院并非目的，通过庭院达到领悟境地才是目的。结果便是以深奥的理念打造庭院。在面积极小的庭院里，

人们逐渐琢磨出一套方法以打造供室内观赏的景致。不使用水，用石头跟沙来表现叫枯山水。这恐怕是从盆景或盆石中得到的启示，但与中国对待石头的方式不同，枯山水成为日本独特的想法。这种中庭就像僧院的庭院一样是那种可坐着一直观赏的类型。

## 房屋构造与庭院的质感

说起日本的房屋构造，像这样将庭院环绕起来的是异例，即使是用筑地墙环绕，也是为了人们边移动边观赏的目的。

传统的日本房屋的房间周围环绕着外廊，人不是在房间之间穿行，而是将外廊作为通路往来。外廊无法通行时，则打开房间的拉门，在通向庭院的连续空间之间起到了缓冲作用。关闭拉门的话，外廊就成为唯一通路，人们可以边观赏庭院景致的变化边至目的地。

前文写道，在书院造建筑中，庭院被围墙围住，庭院和房间是一一对应的，不过，由一个庭院移动到另一个庭院时，在围墙与外廊相接处设置门，围墙继续向对面延伸，独立于外廊的门便分隔了空间。宽檐廊带有左右板门，落檐廊带有妻户（一种门），打开之后便会路入下一个庭院空间。虽有将庭院建造在相同方向的情况，但也有将庭院建造在对侧的情况。由于庭院被隔开，因此未必是相似的，打开门扉时也许会看到意想之外的庭院风景。出入口处被封闭的庭院形成单独的空间。

寝殿造同样将外廊作为通路来灵活运用，寝殿和对屋周围环绕着板条式的外廊地板，人们沿着建筑物曲折前行。透廊在寝殿前稍稍陷下，于此处转弯就会通往对屋。透廊之下引水流过，透廊呈陡拱桥形拱起，引水由拱下穿过，一目了然。其北面，寝殿和对屋之间的空间再次分隔了透廊，构成了所谓的坪庭，不过此坪庭与其说是停留在一处眺望的庭院，不如说是边漫步边欣赏的庭院。

与书院造庭院相比，寝殿造的庭院被分隔的同时依然具有联系，

196

各自呈现宅邸主人所喜爱的特征，从总体上来说具有等质感。书院造庭院虽然不具有等质感，但同样作为广阔环境中的一部分而存在。比较特殊的是特意被加工成雕塑形的枯山水吧。日本的庭院被分别区划，看似独立，实则是位于相互关联的环境之中的。与将环境完全隔离，创造出另一番天地的西欧的中庭存在着根本差异。后者是静止欣赏的庭院，前者则是在移动中欣赏的庭院。

### 关于庭院中的花木

如若庭院狭窄，就会弥漫着沉闷的气氛，在有天井的住宅中，

W ≥ 2H

W：相对墙面间的距离

H：室内地板与相对墙面顶部的高度（有房檐的情况下直至房檐顶端）

此形式是最为理想的。在此以下不免会阴暗潮湿。但是，距离过宽的话则会欠缺亲密性。若日照不够充足，则种植的树种应限于喜阴植物。

夏季最好创造翠绿的树荫，但如从冬季喜爱阳光这点出发，植物最好还是以落叶树为主。然而，庭院整体面积与树木高度需趋于平衡，所以庭院中即使不栽种大型树木，也能展现充分有余的绿色。

不如说问题在于通风。通风不良的话，对树木生长有害且易生虫。日本的传统建筑多为木质结构，在木头的接合部分人们也充分考虑到了通风的问题。建造庭院时，在像京都街屋的庭院那样相对狭窄的庭院中，人们费尽心思利用围墙和相邻墙壁来保证通风。禅寺中狭窄细长的中庭有时会被一分为二，一边是为了服务于建筑，另一边则形成了隔开渡廊的小庭院。虽说有在此处栽种小树以营造庭院雅趣的，不过像幽暗的如妙心寺东海庵的石坪那样的庭院，就不得不创造出沙纹中点缀景石的用心的庭院布置了。

另外，如距离墙面间的距离狭窄，会造成互相可见的有损隐私的问题。这就有必要利用墙壁阻挡，或者改变窗的位置使相互不可见。这种情况下，栽种繁茂树木进行遮蔽的技法在增添绿色享受的同时也保护了隐私。在这样狭小的用地，当然不可能保持树木荒芜的自然状态，经过认真修整、通风后被完全人化的树木，终究要成为一种盆栽化的树木。如此就有创造清爽自然之感的必要。这不仅限于中庭的植物，人类所居住的周边，都是在一定程度上驯化自然之后的产物，但依然保持着自然的风情，这可以说是敞开胸襟面对自然的方法。

庭院的面积越狭小，地面的纹理就变得越重要。因为最引人注目的就是地面。京都这般精心培育苔藓之地虽然很好，但是无法实现的地方，就需用树下杂草来一决胜负，有时还需利用添石小路。尽管蕨、大吴风草、木贼类被大量使用，不过今后叶片细密的地表植物或许会被灵活运用吧。富贵草也许就是其中之一，但是对于小庭来说或许还是不够合适。蝴蝶荚和络石白花藤等以后也会成为常用的植物吧。另外，在花纹方面花心思，比如，瓦的图样等在住宅中即使稍显浓重也不会引人生厌，实则是很好的想法。

上文虽提到许多种庭院，不过人工干涉过多以至于坚硬刻板化的江户以后的庭院大概已经不再适合现代了吧。略柔和的自然风中庭才符合日本今后的庭院要求。人们所期望的是创造出如同截取移植了一部分自然一般的氛围的庭院。如此一来，在欣赏微小的庭院的同时，人们也能深切地感受到周边的环境。而且现在建筑不再是木造的，而是改为钢筋混凝土的，那么带有欧风的庭院也未尝不好。无论如何，需从始至终贯彻旗帜鲜明的信念。

坪庭技术

日本庭院集成

### 寝殿造坪庭

《枕草子》中曾描写过皇后定子所居住的御殿。当时主上所住的殿是清凉殿，中宫则住在北边的殿里。东西都有渡廊，主上时常到北殿去，中宫也时常去清凉殿。御殿的前面有院子，种着各样的花木，围着篱笆，很是风雅。

这北方的御殿位于清凉殿的背后，东西连接着渡廊，其前方是坪庭，栽种了草木，在《枕草子》的世界中，庭中风景甚是宜人。

如此，周边被建筑物和渡廊、围墙等包围的空间被称作坪庭。以建筑间的小空间作为庭院的风潮是由寝殿造盛行的平安时代开始的。寝殿造建筑中的坪庭是在建筑物群中打造的舒适环境，即所谓的理想配置，是宽裕放松的空间。寝殿造坪庭虽有大小之差，原则上仍是相对宽松的空间。

人们在这个空间里，根据喜好栽种了荻、藤、梅、白桐、梨等各种植物，四季皆可欣赏。而且，可根据坪庭中所栽种的植物名称作为其代称，甚至发展成为在此处居住之人的代名词。这种代称多见于《源氏物语》等作品中。

顺便一提，平清盛建造了蓬坪，源赖朝建造了石坪。他们一方面是为求荣华富贵、子孙满堂，另一方面则为求坚定意志，从二人建造的坪庭能看出显著对比，很是有趣。

### 民宅坪庭

民宅中出现坪庭是进入桃山时代后开始的。在这之前的时代，镰仓时代的书院造建筑中有坪庭，室町时代更为盛行。特别是在寺院建筑中，这种倾向很显著。以大仙院的枯山水庭为首，京都禅宗寺院的塔头中，可以说基本普及了坪庭。在《荫凉轩日录》中曾记载了坪庭普及的状况。

足利义政下令建造如今的慈照寺银阁时，相国寺山内的塔头云顶院也在建造中。据说义政曾到访云顶院，一览其方丈西庭。庭院内仅栽种一株梅花，极为质朴。于是义政说："方庭中栽一木，则成'困'字，触犯禁忌。应再添二三株。"

寺院建筑的坪庭也是根据建筑配置而打造的空间，与寝殿造坪庭的产生原因相同。而民宅的坪庭则和寝殿造和寺院坪庭的出发点完全不同。

秀吉所实行的京都市街地改革之一便是将街区分割为长方形土地。之前的京都街屋都是面阔三间、进深三间的山形。进入之后，三间之中的右一间作为出入口是素土地面房间，越过内侧的空地便是庭院。内侧的空地上栽种了蔬菜等，也有水井。这样三间×三间的街屋出现于平安时代，逐渐聚集成长方形。秀吉将内侧有菜园的共用空间划归为个人用的空间。这是因为随着工商业的发达，店铺和作坊变得狭窄，人们总会追求扩大居住空间。但是，扩展街屋宅地并不是扩大面对道路的面阔，而是只扩展进深，从而形成京都街屋特有的长方形宅地。

如扩展为面阔三间、进深十五间的话，正面的店铺和厨房即使能射入光线，从后面一间开始也会一片黑暗。因此从第三个房间之后，必须设置采光空间。这个有着通风作用的采光空间便成为街屋的坪庭。

寝殿造和书院造的坪庭是理想且舒适的空间，与之相对的是，始于街屋的民宅坪庭却并非如此，是最小限度的空间。坪庭深处还有房间，也有仓库、卫生间和浴室。人们每日的生活离不开坪庭，坪庭虽位于外面，却也相当于家中的一部分。

京都街屋的坪庭面积一般是二间至二间四坪，设有屋檐。坪庭中会种植植物，这部分的面积约一坪半或二坪。

一般说起坪庭，就会想到这样的京都街屋的坪庭，这极小的空间实则十分优美清爽，看到这样的坪庭，无论是谁都会感动。而且房屋主人会经常打扫坪庭，保持整洁的状态。

仔细观赏京都坪庭的话，就会发现其实际上运用了千差万别的建

京都町屋

京都下京 典型的京都商家的庭院

京都嵯峨野 山水庭院

仙台旅馆 屋上坪庭

造法。从荻坪和桐坪等质朴的庭院，到大仙院等枯山水庭；从茶室风的庭院，到典型的茶室庭院，建造手法多种多样。但这些坪庭的共通点是清洁，这是因每日不间断进行扫除和修整。京都风的优美坪庭与其说是源于造园法，不如说是每日扫除、管理的效果。

**传统的坪庭作庭法**

在打造如坪庭一般四方被建筑物、走廊和围墙围住的小庭院时，首先空间自身之美十分重要。建筑物房檐大小及其形状，拉窗的防雨门板，墙壁和裙板，又或是杉皮糊纸，柱子，基石的形状，走廊和外廊地板的纵深感，轩内的质感等合为一体，决定了空间的美观程度。其中的一种要素如果失败的话，尽管十分可惜，坪庭整体的美感也会被这点缺陷拖累。这种缺陷在坪庭空间中是无论如何也隐藏不了的。

寺院建筑中常见的坪庭之美便来源于这种造园以前的空间之美。即使不加入任何一种庭院素材，空间本身就很美。即使为了实用而在坪庭内设置了井，还是十分美丽，即便有水池和洗涤槽也仍然美丽。若是放置一两块石头，再栽种数株大名竹等，就更加优美雅致了。即使没有白沙和苔藓，只有土也足够风景如画。

一般住宅的坪庭追求这样的建筑美有些困难。不过，构成京都街屋的坪庭之美的重要因素之一，就是这样各种结构要素经过洗练而成的调和之感。它们不是用金子建成的富丽堂皇的建筑物，而是由组合了种种素材之美的细腻设计而生的。

若是现代住宅建筑，地基是混凝土，坪庭也被混凝土地基包围。完全是无变化无阴影的刻板空间。庭院和建筑间的联系被完全切断。

但是，走廊外侧的柱子以基石为地基，混凝土地基仅限于房间门槛处的话，就可以感受到庭院的纵深感，也会产生阴影。这种情况下，像传统作庭法一样，也应尽量细心注意空间结构。

关于排水——在《数寄庭院》以及《玄关庭院》中，我都多次强调了排水一事。越是小庭，排水设施如不完善的话，庭院就无法保持优美动人。特别是坪庭，因屋顶易积水，如出现局部暴雨的情况，设置能充分排水的雨水管和排水口就显得格外重要。

地面铺设白色沙砾时，可将混凝土的集水斗埋在沙砾下，格子盖上覆盖金属丝网，再撒上沙砾，看不见集水斗就好。

地表有苔藓的情况下，在地表下10厘米左右的深度埋入集水斗，盖上开孔的盖子，然后以吴吕太石呈品字形装饰，周围填入土和苔，形成景致就好。另外，若集水斗露出来时，于边缘整齐地摆放切石装饰为好。

关于石组和灯笼——坪庭中所使用的植物外的装饰元素有庭石、灯笼、洗手钵、踏脚石、井栏等石制品以及竹垣、柴垣等。

石组如大仙院的枯山水一般，虽有时是固定的组合，但多数都是运用景石，放置着数块石头。

用于庭院中的石头，即使仅有一块，也以能体现深山幽谷之景的具有多种风情的石头为好。但是也有独放一种圆石的情况，根据个人爱好而定。不过，还是尽量稳定且具有天然风情的石头更符合期望。

灯笼根据材质可以划分为石灯笼、金灯笼、木灯笼、陶瓷灯笼等，大部分是石灯笼，有时使用唐金钓灯笼。灯笼的造型一般很花费心思，即使坪庭内只摆放灯笼，也可以形成很美的景观。

京都府立综合资料馆 天桥立现代风中庭

厚生年金大厅 现代风格的新型坪庭

如春日灯笼和橘寺灯笼，在灯膛和中台等上面雕刻花纹，只有工艺精湛且细腻的师傅才能完成。最近这样的雕刻以一种略显夸张的形式表现，大多数人并不能接受这样的新奇设计，因此最好避免这样雕刻。带角的宝珠形装饰多有凸起设计，在视觉上让人感到不太舒服。总之灯笼的灯膛部分设计得宽大些比较好看。

说到灯笼的大小，由于是摆放在坪庭内，因此像织部灯笼这种高度较矮的嵌入式灯笼比较好。二坪左右的坪庭，通常摆放六尺五寸（约197厘米）大小的灯笼。

竹篱笆和柴篱笆等将小空间打造出大空间的视觉效果。以实用性为目的，阻断对角线以外的视线，并且这样的内部构造能够使左右空间变大。这些篱笆有时能够成为中心景象。通过竹篱笆和柴篱笆能够使重要的东西全部聚集在眼前，可大胆应用。

洗手钵是坪庭内使用最多的元素。绿先洗手钵摆放在房间附近，或者作为蹲踞来组合使用。通过使用引水管使水流出，以此来打造出清凉感。

将蹲踞用于实际的露地时，有时仅仅只是作为装饰景观来使用。这时还应搭配其他元素共同装饰庭院。应根据仪式和礼法来使用踏脚石，灯笼也根据露地特点来摆放。

组合蹲踞时必须注意的是水门的高度，也就是说应该考虑到排水。自然吸水是有限度的，为了一直保持凉快应该使引水管向下将水排出。因此，要考虑排水的深度、测量前石的高度，钵石不可过重或者过高。

一般将蹲踞作为露地内的装饰景观时不要使用过多的功能性石头。也可以与井栏等组合使用，以形成组合景观。

把像这样的各种装饰元素根据不同的角度来摆放，形成不同的中心景象，并且搭配上植被。从自己的房间可以看到作为中心景象的蹲踞，从对面的房间可以看到作为中心景象的植被和踏脚石，从走廊可以看到面向自己的灯笼。这样的坪庭十分有创意，仅通过少量材料组合搭配，点缀着狭小的空间，打造出很好的景象转换效果。

## 现代新坪庭

在宽敞的土地上建造并住进理想中的住宅中是一件十分困难的事情。现代住宅建造中最具代表性的分售土地和分售住宅就如同京都的坪庭一样，并没有为了采光而扩大空间，即便如此，表庭的宽度能够与邻居家形成间隔，留出了坪庭大小的空间。许多住宅庭院的大小和坪庭类似，但它们并不是纯粹的坪庭，本书中也收录了这样的现代庭院。

随着生活样式的变化，住宅样式和庭院也发生了改变。接待客人用的座敷在内侧，一般会配有庭院。但是现在的小住宅多用西式接待室来接待客人，该房间主要设计在玄关旁。因此，玄关庭院作为玄关前的空间，可以从接待室直接看到。这种变化也涉及座敷庭院，狭小的土地上除了用作坪庭，还有其他用途。

不仅仅生活样式发生了改变，每个人的价值观也有不同程度的改变，由此引发的变化不止一种。针对这些变化，以前的作庭方法已经不再适用。

灯笼和蹲踞等并不代表全部，还有其他的东西，例如雕刻、造型独特的工艺作品等也能引发大家的共鸣，大家还想要前所未有的全新的生活空间。在这种情况下，作庭者不能够气馁，必须朝着新事物出发。

庭院主人的生活、工作内容，或是与此相关的时间等都受到了限制。但对于享受庭院之乐的人士来说通过单纯的观赏或是实际动手做卫生就能享受其中的乐趣。因此必须在熟悉这种供日常生活的庭院和庭院主人之间的关系的基础上，根据个人的喜好和兴趣来创造出一些新的东西。虽然也有单纯只是享受庭院的人，但是也有的人追求庭院中的其他世界所带来的乐趣。

歌谣、舞蹈、和歌、绘画、雕刻、书道、坐禅等与精神世界相关的兴趣，甚至围棋、象棋、高尔夫、羽毛球等兴趣，全部可以纳入建造庭院的考量条件之中。

这些兴趣虽然不构成庭院的主题，但是为建造庭院提供了重要依据。为了让庭院主人能够精神气十足地生活，要尽量创造出欢乐且多彩缤纷的生活空间。

在现代的住宅建筑中有许多混凝土建筑。发达的灯光照明和完善的冷暖气设备在最低程度上使得即便没有京都町屋坪庭风格的空间居住也不会受影响，也就是说，室内仅作为居住空间来使用的话能够感到十分舒适。

在这种混凝土住宅中建造的坪庭和木结构住宅中建造的坪庭在性质上完全不同，靠石组和灯笼进行装饰的方法变得并不可取。对于积极地追求新的生活样式，建造西式混凝土住宅的人们来说，他们需要能够符合新的价值观的庭院。

另一方面，就算不是积极地追求西式建筑，但是由于受到许多条件的限制，因此不得不选择建造混凝土住宅。也有人觉得混凝土与自然景观环境不协调，木头更加符合自然，想要木制建筑。在本书中收录了满足以上的需求建造而成的庭院，例如大楼整体带着森林的气息，或者如空中庭院一般的坪庭。

### 坪庭大楼

从分布在新宿副都心的超高建筑楼群中的广场、绿地区域、建筑楼群整体来看，庭院一般围绕着大楼和道路。人们使用了各种各样的高新技术，来建造出完美的空间。甚至在路上奔驰的汽车和往来行人也能看到坪庭的构成要素。

在这样的公共庭院中摆放有各种各样的雕刻，另外还设计有多重瀑布，在接缝处铺有铺路石，楼梯宽有几十米，种植有榉树和榆树等大型树木，地表也生长着东西。这是一种既能让人感到快乐又美丽的空间，可谓现代都市庭院。

但有的现代化庭院并不是作为这种超高层大楼的公共坪庭，而是在这一座座大楼内部被当作坪庭来建造的。大楼中的坪庭是在建筑物建成后所配合留存下的空间建造而成的庭院，建造的理由十分普通。

但是应注意打造出外部空间整体与建筑物呈现一体化的设计。当然，整体的配置结构由建筑师来设计，植被的种类和种植方法、搭配的景物等具体的设计也是由建筑师来决定的。

不仅是建筑师，还应参考设计师和雕刻家以及作庭者的意见，相关人员从建造建筑物的初期开始共同设计出庭院设计图，打造出一个明确的世界。为了建造这样的世界，建筑师使用了所有先进的建造手法，具有相当高的完成度。明快的主题风格，并非仅存于建筑图纸上的腐旧的建筑，而是使人们在看到建筑后就能感受到震撼的十分明快的建筑。

还有运用玻璃镜面效果来实现多重反射的小坪庭，形成一个连续的绿色世界。分不清哪儿为止是坪庭，哪儿为止是建筑物，哪儿为止是自然景观，建筑物、坪庭、自然三者浑然一体。本书中也收录了几座像这样的优秀庭院。

与现代化坪庭相关的人有停留在大楼空间坪庭内的人群、作庭者、建筑师、雕刻家、设计师、陶艺家以及插花作家等所有风格的优秀造型师们。

根据这些优秀的造型师们的设计稿来去除庭院建筑本身所带有的腐旧的部分和树干上的旧迹，打造出近现代风格超高层建筑的美感和质感兼具的庭院。

像这样将全新的建筑技术运用于传统的日本庭院建筑中，让我们能够期待新型坪庭的发展。

另外，希望造型师们不仅仅只参与这种超高层大楼坪庭和近代建筑大楼的建造，但愿他们能积极地投入一般住宅的庭院建造中，同时也强烈希望画家们能够参与其中。

图书在版编目(CIP)数据

日本庭院集成：全六卷 / 林理蕙光编著. —— 武汉：华中科技大学出版社, 2021.12
ISBN 978-7-5680-7564-0

Ⅰ.①日… Ⅱ.①林… Ⅲ.①庭院-园林设计-日本 Ⅳ.①TU986.631.3

中国版本图书馆CIP数据核字(2021)第198023号

# 日本庭院集成（全六卷）

Riben Tingyuan Jicheng

林理蕙光 编著

出版发行：华中科技大学出版社（中国·武汉）　　　　　电话：(027) 81321913
　　　　　华中科技大学出版社有限责任公司艺术分公司　　　 (010) 67326910-6023
出 版 人：阮海洪

责任编辑：莽　昱　康　晨　刘　韬　　　书籍设计：唐　棣
责任监印：赵　月　郑红红

制　　作：邱　宏　北京博逸文化传播有限公司
印　　刷：广东省博罗县园洲勤达印务有限公司
开　　本：787mm×1092mm　1/8
印　　张：153.75
字　　数：180千字
版　　次：2021年12月第1版第1次印刷
定　　价：2980.00元 (全六卷)